异类的天赋

天才、疯子和内向人格的成功密码

［英］凯文·达顿（Kevin Dutton） 著

金九菊 程亚克 译

湖南文艺出版社
HUNAN LITERATURE AND ART PUBLISHING HOUSE

博集天卷
CS·BOOKY

图书在版编目（CIP）数据

异类的天赋 /（英）凯文·达顿著；金九菊，程亚克译 . — 长沙：湖南文艺出版社，2018.2
书名原文：The Wisdom of Psychopaths
ISBN 978-7-5404-8431-6

Ⅰ.①异… Ⅱ.①凯… ②金… ③程… Ⅲ.①心理学—通俗读物 Ⅳ.①B84-49

中国版本图书馆 CIP 数据核字（2017）第 313542 号

著作权合同登记号：图字 18-2017-239

THE WISDOM OF PSYCHOPATHS by Kevin Dutton
Copyright © Kevin Dutton 2012
This edition arranged with Conville & Walsh Limited
through Andrew Nurnberg Associates International Limited.

上架建议：畅销·心理学

YILEI DE TIANFU
异类的天赋

作　　者：［英］凯文·达顿
译　　者：金九菊　程亚克
出 版 人：曾赛丰
责任编辑：薛　健　刘诗哲
监　　制：吴文娟
策划编辑：王叵咄
特约编辑：叶淑君
版权支持：文赛峰
营销编辑：李茂繁
装帧设计：张丽娜
出版发行：湖南文艺出版社
　　　　　（长沙市雨花区东二环一段 508 号　邮编：410014）
网　　址：www.hnwy.net
印　　刷：三河市中晟雅豪印务有限公司
经　　销：新华书店
开　　本：700mm×995mm　1/16
字　　数：205 千字
印　　张：14.25
版　　次：2018 年 2 月第 1 版
印　　次：2018 年 2 月第 1 次印刷
书　　号：ISBN 978-7-5404-8431-6
定　　价：45.00 元

若有质量问题，请致电质量监督电话：010-59096394
团购电话：010-59320018

目录

异类的天赋
天才、疯子和内向人格的
成功密码

The Wisdom
of Psychopaths

002

Three
第三章　把握时机

Four
第四章　疯子们的智慧

Five
第五章　把我变成精神病人

Six
第六章　取得成功的七个精神法宝

异类的天赋
天才、疯子和内向人格的
成功密码

The Wisdom
of Psychopaths

004

Seven
第七章　极度镇定

中文版附录：趣味心理测试

The mind is its own place, and in itself, can make a heav'n of hell, a hell of heav'n.

境由心生，心之所向，可以让天堂成地狱，也可以把地狱变天堂。

——约翰·弥尔顿《失乐园》

前言
Preface

  我父亲是一个精神病态者。回想过去，说他精神有问题似乎有点不合情理，但确实是这样。他极有魅力，无所畏惧，冷酷坚毅，但绝对没有暴力倾向，并且外表看起来还和变态食人魔杰弗里·达默^①一样冷静、正常。当然他从来没有杀过人，不过他在某些方面确实具有杀伤力。

  幸亏基因不能决定一切，不是吗？

  父亲还有一种不可思议的本领，他常常能不费吹灰之力就让自己如愿以偿。有人说他看上去就像喜剧《只有傻瓜和马》里的二道贩子"德尔小子"。确实如此，他们不仅模样长得像，行为举止像，而且连职业都像——我父亲也是生意人。

  《只有傻瓜和马》里的情节也常常在我家上演。

  记得有一次，我帮父亲在伦敦东区的衬裙巷市场^②卖一批日记本。当时我才10岁，那天还要上课。更糟糕的是，这批日记本印错了，里面只有11个

---

① 杰弗里·达默（Jeffrey Dahmer）：史上最冷血、最令人发指的连环杀手之一。他的外表有如一个再普通不过的男孩子，即使在街上遇见他，你也不会注意他，但他却犯下了恶魔般的罪行。他在1978年至1991年7月间共杀死17人。他先绑架受害者，然后强奸、杀害并最终吃掉他们，最恐怖的一次是把受害者的头盖骨凿开，并灌入水银。在1991年7月的一个晚上，两名警探巡逻时遇上一名黑人青年，他说他的一个邻居扬言要剖开他的心脏并吃掉。三人一起来到达默的家，发现他家里有大量的人头和残肢，冰箱里更有切好的人肉和一个人头！他最终被判有罪并要坐牢1070年，在狱中被高度监视，单独隔离。但他还是死在了狱中，因为狱中的另一名囚犯声称受上天感召，要杀死他替天行道，最后他的一生就此完结。

② 伦敦时尚购物区之一，1750年开市，至今仍颇受欢迎。这里的1000多家商铺主要贩卖便宜的服饰、小装饰品和电子产品。该市场只于每星期日上午9点至下午2点开放。

异类的天赋
天才、疯子和内向人格的
成功密码

The Wisdom
of Psychopaths

002

月，就像收藏家们说的"错版"。

"爸爸，这种东西是卖不掉的，"我抗议说，"连一月份都没印。"

"我知道，"他说，"我就是因为这个才忘了你的生日的。"

"老乡们，千载难逢的机会啊！只有11个月的日记本……买一本日记，明年你就可以免费多过一个月啦……买一送一的机会不要错过！"

结果我们的日记本大卖特卖。

我一直觉得父亲的个性非常适合现代社会。我从来没有见过他惊慌失措或焦躁不安，也没有见过他为任何事焦头烂额。有好几次要是换成别人早就发火了，但是他却没有。

"有人说恐惧是人类为了躲避肉食动物而发展形成的生存机制，"有一次父亲跟我说，"但是你会看见大象堡路口徘徊着很多老虎吗，不会吧，儿子？"

他说得没错，我确实从来没有看见什么老虎，可能周围有些蛇吧，但是谁都知道父亲所说的"老虎"是什么东西。

长大后的很长一段时间里，我经常把父亲的珠玑妙语看作他摆摊时用来招徕顾客的打趣话——他今天说，明天就忘在脑后了，就像他倒卖的那些破烂玩意一样令人发笑。不过多年以后的今天，我发现这油滑的老头子说的话，个中隐藏着深刻的生物学真理。实际上，他神奇而又异常准确地预言了现代进化心理学家的观点。人类的确为了抵御肉食动物的威胁产生了一种生存机制。例如，杏仁核是大脑的一个重要部位，是情绪中心，杏仁核受损的猴子会做出一些愚蠢的事，比如它们会毫不恐惧地抓起一条眼镜蛇。

几百万年过去了，现在的世界，野生动物几乎已经销声匿迹，但是我们的恐惧机制却变得非常敏感，以至于常常做出一些不合逻辑的、非理性的决定。比如神经紧张的司机会一直踩着刹车以应对并不一定会出现的危险。

"今天已经不像更新世①那么危险了，"卡内基梅隆大学经济学兼心理学教授乔治·列文斯坦说，"但从病理学角度来说，人类是风险规避型动物，

---

① 第四纪的第一个世，距今181万年至1万年。更新世冰川作用活跃。

而目前人类的很多情感机制还不能完全适应现代社会的生活方式。"

    我更赞成我父亲的说法。现代人是风险规避型的并不意味着他们不能适应现代社会。事实上,即使是我们这些长期饱受焦虑之苦、真真正正的风险规避型的人,也可以在现代社会中过得好好的。进化生物学家认为,我们的祖先正是因为对威胁的过度警惕才在抵御肉食动物的过程中幸免于难。从这个角度来说,毋庸置疑,焦虑成了巨大的优势,增强了人类的适应性。你对树丛中的轻微响动越敏感,你就越有可能让自己、家人和其他成员生存下来。即便是在今天,有焦虑症的人面对威胁时也比我们一般人具有更高的警觉性:电脑屏幕上,在一群正常的或高兴的脸当中快速闪过一张生气的、愤怒的脸,那些患有焦虑症的人会比我们正常人更快发现。所以如果你对晚上一个人居住感到害怕或是在不熟悉的环境中漫步感到担忧的话,不用担心,这并不是能力的倒退。保持担忧有时候是好事。

    精神障碍虽然会给患者带来无穷无尽的痛苦,但它有时候也会带来很多非同寻常的好处,当然这种说法算不得新奇。哲学家亚里士多德在2400多年前就说过:**"伟大的天才总有点癫狂。"**在多数人的意识中,"天才"和"癫狂"之间有着某种关联。这要感谢高票房电影《雨人》和《美丽心灵》,这两部电影都讲到了孤独症和精神分裂症。神经学家兼精神病医生奥利弗·萨克斯在他的著作《错把妻子当帽子》[1]中讲到了与"双胞胎"的奇特邂逅。约翰和迈克尔是重度孤独症患者,26岁,他们住在同一家疗养院。当看到一盒火柴散落到地上时,两人同时叫了出来:"111。"然后萨克斯收起火柴,数了起来……

---

[1] 这本书述说了24个神经失序患者的神奇遭遇和经历。他们当中有人能通过意志成为自己想要成为的角色,而这种身份转瞬之间便会消失不见;有人把妻子当成帽子,要一把抓过来往头上戴;有人感觉不到自己的身体,灵肉分离;有人完全不能和人交流,却能与动物自如对话;有人不会加减乘除,却能直接用眼睛看到复杂算式的精确答案;有人连日常生活都难以自理,却能自如地吟咏歌剧、挥毫作画。萨克斯医生深入到这些心智上有偏差的患者的日常生活中,平静、平等地观察他们,与之互动,记录他们不为人知的内心世界。这些奇特之人的状况虽然各不相同,但他们都有自己独特的人格魅力,和未必为我们所知的另一种久远的安宁。萨克斯医生字里行间流露出温柔与理解,令人备感温暖。

异类的天赋
天才、疯子和内向人格的
成功密码

The Wisdom
of Psychopaths

004

相似的例子就是，人们总是认为天才艺术家们神神道道，这也并非毫无根据。画家凡·高、舞蹈家瓦斯拉夫·尼金斯基和博弈论之父约翰·纳什都是精神病态者。这难道是种巧合？斯扎波科斯·克里是布达佩斯的森梅尔魏斯大学的研究员，他研究出了遗传多态性与精神分裂症和创造力之间的关联。克里发现，在对创造力进行测试时，那些有两个"神经调节蛋白1"基因拷贝变异的人拥有更强的创造力。此前人们就一直认为这种变异与精神病有关，也与记忆力衰弱和敏感有关。

即便是抑郁症也有对人有益的一面。最近的研究显示，**抑郁有助于思考，能让人更专注，并能提升解决问题的能力。**新南威尔士大学心理学教授乔·福盖西做了一个颇具独创性的实验。他把各式各样的小饰品，比如玩具士兵、塑胶动物和微型汽车放在悉尼一家小文具店的收银台旁边。顾客出门的时候，福盖西让他们尽可能多地说出这些小饰品的名字，以便对他们的记忆力进行测试。不过有一个条件不同，就是下雨天的时候，福盖西会在店里播放威尔第的《安魂曲》；而在晴天的时候，顾客们会享受到吉尔伯特和沙利文共同创作的歌剧。

实验结果很明显地揭示出了差异：顾客在"情绪低落"的时候记住的小饰品几乎是其他时候的四倍。阴雨天使他们情绪低落，而低落的情绪让他们更专注。所以，天气晴好的时候，千万不要过于兴奋，记得让收银员找钱哦。

精神病态者的优势在于，他们永远不会因为兴奋而忘记让收银员找钱。患有强迫症的人又有什么优势呢？他们可能永远都不会忘记关上燃气阀门。如果是个偏执狂呢？他永远不会违反协议中的附属条款。实际上，恐惧和悲伤——分别对应于焦虑和抑郁，是五种基本情绪[①]中的两种。在任何文化中，这五种心理学上的基本情绪都普遍存在。但是有一部分人除外，即使是在最让人难过、最坏的情况下，他们也不会有这些情绪体验，他们就是精神病态者。就算没有关闭燃气阀门，他们也不会担心。像他们这样，会有什么好处吗？

---

① 人类的五种基本情绪包括快乐、悲伤、愤怒、恐惧和厌恶。还有六种情绪的说法，增加了"惊讶"。

"难道你不担心乌云吗？"如果你向精神病态者提出这个问题，那么多数情况下，他①会像看精神病人一样看你。你会明白，**对精神病态者来说，根本就不存在什么乌云，只有金边**。你可能会觉得，一年有12个月而不是11个月，日记本上印错了，简直糟透了，要卖完那些日记本是绝对不可能的。但对我父亲而言却不是这样。恰恰相反，他把这一点当成了卖点。

不只我的父亲这样。我还研究了很多来自各行各业的各种各样的精神病态者。在研究过程中，我发现很多精神病态者与汉尼拔·莱克特②和特德·邦迪③类似：他们都是冷酷无情、肆无忌惮的社会精英，他们的情况可能与你能想到的任何一份精神病态表指标相符。而我也见识过这样的精神病态者，他们从内心里并不是要吞噬社会，相反，他们始终冷静、理性，做决策时毫不掺杂个人感情。他们用这种方式为社会做出贡献，这类人包括外科医生、士兵、间谍、企业家以及律师。

"不要沾沾自喜。无论你有多厉害，都不要过于自负，不要让人看出来。"这是电影《魔鬼代言人》中，阿尔·帕西诺饰演的一家顶级律师事务

---

① 他：绝大部分时候都是"他"，因为有研究显示，男性患精神病的概率是1%到3%，而女性是0.5%到1%，女性远低于男性。

② 汉尼拔·莱克特（Hannibal Lecter）：著名心理电影《沉默的羔羊》里的主角。汉尼拔原住在立陶宛的莱克特堡，8岁时（1941年），德国入侵苏联。莱克特全家为躲避德国军队而来到树林中的猎场小屋。不久小屋被苏со联军队的战斗波及，双亲遇难，汉尼拔与妹妹美莎相依为命。在寒冷的冬天，几个加入纳粹军队的立陶宛人闯进小屋，后来由于饥饿，他们将已患肺炎的美莎杀害再将其吃掉。汉尼拔心理受重创，从此八年未开口说话。后来他成了一名高超的精神病医生，精通医学外科（因为他要选取人类身上最好的部分吃），他本人也是一名严重的精神病态者，是著名的"食人魔"。另外他在古典文学与音乐方面有极高的造诣。他具有强烈的批判意识，对社会现实有自己独到的深刻理解。

③ 特德·邦迪（Ted Bundy，1946—1989）：特德·邦迪制造了有史以来数量最多的强奸案和连环谋杀案。他曾品学兼优，样貌英俊，运动方面也十分优秀，之后进入名校学习法律，以优异的成绩毕业并在政府部门工作。但在他心底深处，却住着一个恶魔。他最喜欢潜入校园杀掉女学生，又或者以他的魅力邀请女学生外出游玩，再加以杀害。1974年到1977年间，他敲碎了35名女性的头盖骨，并且强暴了超过100名妇女。他扒窃、跟踪胁迫漂亮女子并在夜幕下从窗外偷窥她们，后升级为强奸、袭击和谋杀。杀人过后，他能很好地融入社会。然而从电视上看特德·邦迪并不像一个连环杀手，他和蔼并很有吸引力，他的表现中透露出野性的光华，他的外表能够唤起人微妙的不道德的想法。他成功掌控了公众对他的印象，人们看到的是一个英俊、面带笑容的年轻的法律系学生，并很好奇他怎么会是一个施虐的杀人犯。1975年夏，他因违反交通规则被捕，后被控告为美国一系列连环杀人案的嫌犯。他曾三次被判谋杀，两次成功越狱，审判时自我辩护，滔滔不绝，坚信自己会无罪释放。终于在1989年，他在电刑椅上被处以极刑，时年43岁。

异类的天赋
天才、疯子和内向人格的
成功密码

The Wisdom
of Psychopaths

006

所的首席律师的话。他告诫同伴说："伙计，在这里你要低调，要装傻充愣，做个无名小卒。看看我，我从第一天起就明白了这一点。"帕西诺就扮演着魔鬼的角色。他的这些话一针见血。如果说精神病态者还有一个共同点，那就是他们都具备完美的伪装能力。在日常生活中他们装作与一般人毫无二致。他们的伪装手段高超，无与伦比，而身体里却跳动着一颗冷酷无情的捕食者的心。

曾经有一位红极一时的年轻律师，他在他位于顶层的豪华公寓阳台上俯瞰着泰晤士河对我说："在我内心深处的某个角落里潜藏着一个连环杀手，但可卡因、F1赛车、美女和法庭上无穷无尽的盘问把他伺候得安安分分。"

我赶紧从阳台边上退了回来。

那一次与那位年轻律师的会面，在一定程度上帮助我弄明白了一个关于精神病态者的理论：我们之所以对精神病态者充满好奇，其中一个原因是我们痴迷于假象，而那些表面上看起来正常的东西，深究之下其实完全不是那么回事。有一种叫作"蚁蟹蛛"的蛛形纲动物，它能够伪装成蚂蚁的样子，使猎物把它错认为是自己的同伴，但当真正的蚂蚁们从假象中醒悟过来时，一切都为时已晚。我采访过的很多人都有和那位年轻律师一样的感受，不过相信我，他们都是幸运儿。

看一看下面这幅图。你能看到几个足球？6个？再仔细看看，还是6个？（详见前言末解答）

精神病态者就是这样。表面上他们很正常，风度翩翩，富有魅力，心理上也伪装得天衣无缝。这一切都转移了我们的注意力，让我们看不到他们的"真实面目"，但其实潜在的异常就在我们眼前。

当然，有时候精神病对我们也有好处。就像焦虑、抑郁和许多其他精神障碍一样，有时候精神病对现实极具适应性。我们也会发现，精神病态者具有多种特性——个人魅力和伪装天分只是工具——如果你知道如何驾驭和控制它们，那么无论是在工作上还是生活上，你都会受益颇丰。**精神病就像阳光，暴晒可能会致癌，加速一个人的死亡，但是有规律地晒晒太阳，合理地**

该图片原图来源：olivier douliery/东方IC

接受日光照射，对健康和生活质量都会产生积极的作用。

下面我们会详细讲解这些特性，学习如何将它们与我们自身的心理技巧结合在一起，进而让我们的生活得到较大改观。当然，无论如何，我在这里都绝对无意美化精神病态者的行为，因为这样无异于是在为恶毒的阴谋，即人格毒瘤歌功颂德。但确有证据显示，有一点精神病，就像阳光把皮肤晒出棕褐色，对人生会有出人意料的好处。

对此我有一些一手证据。多年以后，我的父亲从生意场上退下来，后来得了帕金森病去世了。在极短的时间内，他从一个能够在十秒钟内打包好行李的人，变成了一个即使有人搀扶也无法站立的人。

毫无疑问，他最风光的时候还是在他过世之后。至少，我是在他去世之后才察觉到这一点的。办完葬礼后不久的一个晚上，我查看他的遗物时，偶然在抽屉里发现了一些手写的笔记。这些笔记是几位看护写的，她们在那几个月里负责照顾父亲。

异类的天赋
天才、疯子和内向人格的
成功密码

The Wisdom
of Psychopaths

008

　　我一页页读下去，渐渐开始明白，父亲在世的最后几个月是多么乏味单调，最后在市场上摆摊谋生的那段时间也一定索然无味。即便这样，他也一点没让我看出他所承受的压力。该死的帕金森病让他的胳膊和双腿丧失了行动能力，这本来应是最令他痛苦的，但却无法与他精神上的痛苦相提并论。

　　他在医院里的真实状况写得非常明白：

　　"七点三十分让达顿先生起床。"

　　"给达顿先生刮胡子。"

　　"给达顿先生做一个黄瓜三明治。"

　　"给达顿先生倒杯茶。"

　　诸如此类的记录不断重复，很快我就厌倦起来。就这样，我开始随意地翻页，忽然某些内容引起了我的注意。有一页字迹密密麻麻，中间潦草地写着："达顿先生将轮椅推下走廊。"几页之后，写着："达顿先生在阳台上表演起了脱衣舞。"

　　我开始明白当初在街头打折促销的那段话背后隐藏的含义：一个灵魂备受压抑的男人，他的大脑回路和大脑细胞的突触被绝望、无情地压制着，但是在紧要关头，他会以难以抑制的疯癫行为继续战斗下去。

　　轮椅和脱衣舞日复一日地与刮胡子、黄瓜三明治和茶做着斗争。

不错，你答对了，是有6个足球。但是，你仔细看看这个人的手，是不是有什么不同寻常？

One

第一章

毒如蛇蝎

Great and Good are seldom the same man.

美德与伟大不能兼得。

——温斯顿·丘吉尔（Winston Churchill）

异类的天赋
天才、疯子和内向人格的
成功密码

The Wisdom
of Psychopaths

002

一只蝎子和一只青蛙坐在河岸边，它们都需要过河到对岸去。

"您好，青蛙先生！"蝎子在芦苇丛中喊道，"您愿意行行好，让我骑在您背上过河吗？我到河那边有要事要办。河水太急了，我没法游过去。"

青蛙立刻警觉起来。

"噢，蝎子先生，"它回答说，"您有要事要过河到对岸去，对此我深表理解。不过您的要求就需要斟酌了。您是蝎子，您的尾巴上有一根大毒刺，一旦您骑到我背上，您就会本能地蜇我。"

蝎子早就料到青蛙会拒绝，于是反驳说："亲爱的青蛙先生，您有顾虑，我完全可以理解。不过很显然，蜇您对我也没有好处啊。我真的需要到对岸去。我向您保证，我绝对不会伤害您。"

青蛙勉强地相信了蝎子，它让这只巧舌如簧的节肢动物爬到了自己背上，然后一跃而起，跳进了水中。

开始，一切按照计划进行。可是游到河中央时，青蛙突然感觉背上一阵刺痛，余光一瞥，它看到蝎子缩回了毒刺，似乎怕被它看见，继而一阵麻木的感觉瞬间蔓延到它的四肢。

"你这个蠢货！"青蛙呱呱大叫，"你说过你要到河对岸去，有要事要办。现在我们都完了！"

蝎子耸了耸肩，在青蛙背上抖了抖，与青蛙一起慢慢下沉。

"青蛙先生，"它无所谓地说，"您自己说过的，我是蝎子，蜇您是我的本能。"

话音未落，蝎子和青蛙一起消失在浑浊的急流中。

"我不过是无照经营墓地"

1980年，美国著名连环杀手约翰·韦恩·盖西（John Wayne Gacy）在法庭上受审。一声叹息后，他说："我不过是无照经营墓地。"

他经营的确实是一个骇人听闻的墓地。在1972年到1978年的六年之间，盖西至少虐待和谋杀了33位青年男性，这些受害者的平均年龄是18岁，盖西把他们的尸体放在了他住所的供电管道下。其中一个受害者罗伯特·唐纳利起初逃脱了，后来又被盖西抓了回去，被他折磨得生不如死，最后这个受害者乞求盖西："你就结果了我吧。"

盖西困惑了一下，说："我考虑考虑吧。"

我曾亲手拿过盖西的头颅。他于1994年被执行注射处决，之后他审判时的被告证人、世界顶尖连环杀手研究专家海伦·莫里森（Helen Morrison）博士在芝加哥医院协助对其验尸并取走了他的大脑。在莫里森开车回家的路上，盖西的头颅在她车椅上的一个小玻璃缸里摇来晃去。她想弄明白这个头颅与一般人的大脑究竟有什么不同，是受了损伤、长了肿瘤，还是患有疾病，导致盖西如此与众不同。

研究结果显示，这颗头颅不存在任何异常。

几年以后，我到莫里森在芝加哥的办公室跟她喝咖啡，聊起这件事，问她后来有什么重大发现没有，她告诉我研究的结果还是没有任何异常。

"没有任何异常是不是意味着，"我问她，"我们实际上都是精神病态者？我们每个人都潜藏着强奸、杀人和施虐的倾向？如果我的大脑与盖西的

异类的天赋
天才、疯子和内向人格的
成功密码

The Wisdom
of Psychopaths

004

大脑没有任何不同，那么到底是哪里出了问题？"

莫里森迟疑了一会儿，然后道出了神经科学领域最基本的真理之一。

"死亡的大脑和活着的大脑是完全不同的，"她说，"从表面上看，人和人的大脑没什么不同，而事实上不同人的大脑，功能完全不同。就是在开灯和关灯的瞬间，大脑的机制也是不一样的，如此才能维持大脑整体功能的平衡。盖西是个极端的例子，我在想是不是有什么其他的因素影响了他的行为，比如大脑受到损伤，或者其他什么异常，但是没有，一切正常。问题复杂，让人难以理解，其中必定隐藏着奥妙。比如在他的成长过程中，可能有偶然性的经历使得他的大脑回路和化学物质产生了细微变化，从而使他以后的行为发生了结构性变化。"

那天莫里森的话点醒了我，"行为上的结构性变化"使我想起曾经听过的一个关于罗伯特·黑尔（Robert Hare）的故事。黑尔是不列颠哥伦比亚大学的心理学教授，世界精神病研究的顶尖权威。早在20世纪90年代，他向一家学术期刊提交了一份研究论文，其中就包括精神病态者和非精神病态者在辨识词汇时的脑电图成像。黑尔让他的实验对象看了一系列的字符串，让他们尽快判断这些字符串里是否包含某个单词。

结果令人惊讶。非精神病态者对带有感情色彩的单词，比如cancer（癌症）或rape（强奸）的识别速度远远快于中性词，比如tree（树）和plate（盘子），然而这一现象并不存在于精神病态者身上。于他们而言，情感未参与其中。

那家学术期刊拒绝刊登这篇论文。据审稿人说，拒绝的原因并不在于论文的结论，而是一些脑电图成像很反常，不可能来自真实的人。然而，它们确实是真实的人的脑电图成像。和莫里森的谈话激发了我对精神病态者谜一样的大脑的兴趣，于是我又去温哥华访问了黑尔。我问他那个传言是真的吗，论文是否真的被打回来了，如果是，那是为什么。

"大脑一共有四种波段，"他对我说，"β波是高警戒状态，从α波到δ波是深度睡眠状态，其间不同的波段显示了大脑在不同时间脑电波的波动水平。我们正常人处于昏昏欲睡、思考或睡着的状态中，大脑处于θ波段，而精神病态者则是在清醒状态甚至亢奋激动的时候也会出现 θ 波……

　　"对于精神病态者来说，语言仅仅停留在字面意义上，没有感情参与其中。一个精神病态者也许会说'我爱你'，可实际上对他而言，这句话与'我想要一杯咖啡'没有什么两样……这就是在极度危险的情况下，精神病态者也能保持冷静和镇定的原因之一，也是他们追逐报酬和敢于冒险的原因。可以毫不夸张地说，他们的大脑'开启'得比我们少。"

　　我又想到了盖西，还有与莫里森博士的谈话。"见鬼去吧！"就算盖西正走进死刑室，他也会这样说。

　　盖西表面上看起来很正常，他是当地社区的重要人物，甚至与第一夫人罗莎琳·卡特合过影。他将蛇蝎般阴暗的一面用招人喜爱的外表掩盖起来，蜇人才是他的本性，而他还会说服你，让你相信他不会蜇你。

精神病都尾随哪些人？

　　法布里齐奥·罗西35岁，曾经是一名门窗清洁工。但他喜欢研究谋杀案，并最终选择以此为主要职业。

　　一个和煦的春晨，我坐在沙发上，罗西心神不宁地在约翰·韦恩·盖西的卧室附近走来走去。我问他精神病态者身上到底有什么不可抗拒的魅力如此吸引我们。

　　很显然，他不是第一次被问到这个问题。

　　"我想，精神病态者最重要的是，"罗西说，"一方面他们很正常，与其他人毫无二致，而另一方面，他们与我们截然不同。盖西过去经常打扮成小丑的样子，在儿童聚会上表演节目……精神病态者就是这样，表面上看，他们很正常，而透过表象看本质，窥探一下他们的地下世界，你就会大感震惊。"

　　我们并不在盖西真正的卧室里，而是在一个卧室的实体模型里，这里展出的物品完全可以使之参选世界上最恐怖博物馆，这就是位于佛罗伦萨的连环杀手博物馆。这家博物馆坐落于加富尔街一条繁华的小巷里，距离大教堂

异类的天赋
天才、疯子和内向人格的
成功密码

The Wisdom
of Psychopaths

006

并不太远。法布里齐奥·罗西任其馆长。

这家博物馆经营状况良好。怎么会不好呢？从开膛手杰克到杰弗里·达默，还有特德·邦迪①，都陈列在那里。

我告诉罗西，邦迪是一个很有趣的例子。这种可怕的征兆背后隐藏着精神病态者的惊人力量。其中的暗示很有趣，如果你努力观察，就会发现，地下世界里隐藏的远远不只是黑暗的秘密。

对此，他很惊讶。

"邦迪是历史上最臭名昭著的杀人魔之一，"他说，"他也是博物馆最大的看点之一。除了黑暗的秘密以外，还能有什么？"

当然还有。当邦迪被绑在佛罗里达州立监狱的电椅上准备接受死刑的时候，当地电台呼吁听众关闭家用电器，从而最大限度地提高电力供应。20年后，也就是2009年，心理学家安杰拉·布克（Angela Book）和她加拿大布鲁克大学的同事们才开始相信这个冷酷的杀人恶魔所说的话。在20世纪70年代的4年时间里，邦迪敲碎了35名女性的头盖骨，他在接受采访时还带着美国式颇具孩子气的微笑，声称仅通过女性走路的方式，他就可以判断出她是不是个"合适"的受害者。

① 开膛手杰克、杰弗里·达默和特德·邦迪，这几个人都是美国著名的连环杀手，后文中会有涉及。

"我是你见过的最残忍的杂种。"邦迪一字一顿地说。他的供词几乎无懈可击，他是最精明的精神病态者吗？

为了证实这一点，布克做了一个简单的实验。首先，她向47名男大学生分发了《精神病态自测表》（*Self-Report Psychopathy Scale*），这是一份专门用来评估一般人精神病特征的问卷调查表，与监狱和医院的不同。布克根据他们的作答结果将这些男大学生分为高分组和低分组。接着，她让另外12名志愿者沿着走廊从一个房间走到另一个房间，并录下他们的步态，再让他们填写标准的人口统计调查表。这份调查表包括两项：（1）你过去受到过伤害吗（有还是没有）？（2）如果有，这类伤害发生过几次？

最后，布克让最初的47名志愿者观看录制的12段录像，并要求他们按照1到10的等级对每个目标的易受伤害程度进行评级。这个实验的基本原理很简单。布克推测，如果邦迪说的是真的，即他确实能够通过受害者走路的姿势发现他们的弱点，那么在《精神病态自测表》中得分高的人会比得分低的人更擅长判断另外12名志愿者的弱点。

结果与她的推测完全相符。此外，当布克将这一实验重复应用于被囚禁在一家安全级别最高的监狱中的精神病态者身上时，她得到了新的发现。第一个研究中"精神病"得分高的大学生可能很擅长识别他人的弱点，然而这些临床上的精神病人却更胜一筹。**他们明确地说他们的判断依据是人们走路的姿势。**他们跟邦迪一样，清楚地知道他们所要寻找的对象。

以眼杀人：偶尔疯狂也有好处

安杰拉·布克的研究并不是个案，这只是近年来从更复杂而全新的角度对精神病态者展开研究的诸多案例之一。从某种意义上来说，他们的研究呈现出的精神病态者的形象与新闻标题和好莱坞的编剧们给我们留下的骇人听闻的印象完全不同。这也许让人难以理解。

"你的意思是，"罗西满腹怀疑地问，"有时候，做个精神病态者并不

异类的天赋
天才、疯子和内向人格的
成功密码

The Wisdom
of Psychopaths

008

一定就是件坏事？”

"不仅如此，"我点头表示同意，"有时候还是件好事，精神病态者实际上比正常人拥有更多优点。"

看得出来，罗西并不相信这一点。看看现实中的例子，就不难理解人们为什么不相信。邦迪和盖西的例子就让人难以接受这个论调。现实中，如果你周围真的有几十个这样的精神病态者，你也很难接受精神病态者身上也有积极的一面这一事实。不过连环杀手博物馆反映的事实也未必能完全还原事情的真相。海伦·莫里森曾意味深长地说过，精神病态者的命运由多种因素相互作用导致，包括基因、家庭背景、教育经历、智力水平和机遇。

美国国家警察局局长协会（the US National Association of Chiefs of Police）副会长吉姆·科里（Jim Kouri）对此持类似的观点。科里认为，精神变态的连环杀手有一些共同特征：**过度自我膨胀、很有一套自己的见解、外表迷人、冷酷无情、从不自责、喜欢控制别人。**而这些特征也是政治家和世界领袖所共有的，只是他们不是在逃避警察的追捕，而是在参加公职竞选。科里强调说，拥有这些特质的人往往为所欲为，无论在什么时候，他们想做什么就做什么，很少顾及自己的行为带来的社会、道德或法律后果。

举例来说，如果你刚好出生在幸运的星座，拥有如月亮掌控潮汐起落一样的能力，能操纵他人的生死，你可能会下令实行种族屠杀，灭绝10万库尔德人①。而当你从容地迈向绞刑架时，那些曾猛烈抨击你的人会对你心生一种莫名的、有悖常理的敬畏。

"医生，别害怕，"萨达姆·侯赛因被执行绞刑前，站在绞刑台上说道，"我们是男人。"

如果你很暴力而且狡猾，一如现实版"食人者汉尼拔"罗伯特·莫兹利（Robert Maudsley），你可能会引诱一位朋友进入你的房间，敲碎他的头骨，然后用勺子舀出他的脑浆来品尝，镇定从容得像在品尝一个煮得很嫩的鸡

---

① 库尔德人：西亚库尔德地区的游牧民族。

蛋。顺便说一下，过去30年来莫兹利一直被单独监禁在英国韦克菲尔德监狱地下室的一个防弹囚笼里。

或者，你是一位出色的神经外科医师，能在巨大压力下保持冷静专注，那么恭喜你，你和詹姆斯·杰拉蒂大夫（James Geraghty）一样，可以在一个完全不同的领域里展示才华。站在21世纪的医学前沿，就像被时速100英里①的狂风吹着，氧气稀薄，给你思考的空间少之又少。"我对接受手术的患者生不出任何感情，"杰拉蒂对我说，"于我而言，感情是一种享受不起的奢侈品。一上手术台我就像变了个人，成了一部冷漠无情的机器，同手术刀、钻头、锯片等融为一体。当你手中的手术刀游走于脑组织和纤细的神经之间时，感情用事只会帮倒忙。**感情好比是熵，对事业来说绝对有害。**多年来我已经把它彻底驱逐掉了。"

杰拉蒂是英国最杰出的神经外科医师之一。虽然他的话让我们感到脊背发凉，但从另一个层次上来说又是有道理的。而与这些杰出人士极为相近的精神病态者则常常被看作孤僻残忍的食人恶魔；他们喜欢独处，外表迷人，极度危险。一听到精神病态者这个词，我们的脑海中就会立刻浮现出连环杀手、强奸犯以及潜伏的恐怖分子的形象。

换一个思路吧。如果我告诉你，烧掉你家房子的那个纵火犯可能摇身一变在另一个场合中成为英雄，他奋勇冲进熊熊燃烧着的、即将倒塌的房屋，搜寻并救出你的亲人，你会怎么想？而那个怀里揣着刀子、躲在电影院后排阴暗角落里窥伺机会的小孩，若干年后是不是也可能在一个完全不同的场合摆弄另一把完全不同的刀呢？

人们很难接受这类说法，但事实的确如此。精神病态者具有无畏、自信、魅力非凡、冷酷、专注等特质。与普通大众的看法相反，精神病态者并不一定有暴力倾向。一个人是不是精神病态者可不是一眼就能辨别出来的，事情并不是"要么有精神病，要么是正常人"那么简单，而是像地铁地图上

---

① 1英里≈1.61千米。

异类的天赋
天才、疯子和内向人格的
成功密码

The Wisdom
of Psychopaths

010

的收费区段那样，存在着内区、外区等不同情况。精神病态的程度，如你们将在第二章看到的，可以用一张"精神病态图"来表示，我们每个人的精神状态都对应于图上的某一点，只有极少数人属于"非正常"人群。

我们可以把精神病态的各种特性想象成混音台上的旋钮。如果你把所有的旋钮都调到最大，那么所得到的声音对任何人都毫无用处。但如果各声道有不同程度的变化，某些成分如无畏、专注、冷酷、坚韧不拔等调得比其他成分高一些，那么就极有可能打造出一位能力超群的外科医生。

当然，外科手术仅仅是精神病态的"天才"们展示优势的舞台之一，还会有其他一些场合供他们施展天赋。2009年，我决定做一些研究，以弄清楚如果精神病态者真的更善于"瞧出破绽"，会有什么用处。肯定可以找到某种方式证明精神病态者不只会作恶，也可以造福社会。可是如何开展研究呢？

有一次，我在机场见一位朋友时，突然一下来了灵感。我觉得人们过海关时总是有点疑神疑鬼、紧张不安，即使自己"什么坏事也没干"也是如此。但想象一下，如果我们真的瞒报了什么东西会有什么感觉？而如果某位海关检查员特别精明，一眼就看出了我们的紧张情绪又会怎样呢？

为了弄清真相，我做了一个实验。一共有30位在校大学生参加了实验，其中一半的人在《精神病态自测表》中得分较高，另一半人则较低。此外，我还找了5个人来做"搭档"。实验要求他们做的事非常简单：只需坐在教室里，看着这些搭档从一扇门进来，走过一段抬高的平台后从另一扇门出去。不过，他们还有一项任务，观察这5个人中哪一个"心中有鬼"——身上藏有一块红色手帕。

为了让这一过程更加刺激，也为了让观察者有玩下去的兴致，我们发给身上藏有手帕的"嫌疑犯"100英镑。观察者通过投票得出结果，票数最多者即为他们认为的"嫌疑犯"。如果真正的"嫌疑犯"被认出，他就要退还那100英镑；如果观察者猜错了人，让嫌疑犯蒙混过关，那后者就该得到奖励了，100英镑归他所有。

哪些学生会成为更出色的"海关检查员"？精神病态者的"掠食本能"

能起作用吗？他们对破绽的嗅觉是否会失灵呢？

在《精神病态自测表》中得分较高的学生，70%以上认出了那个身上藏有手帕的家伙，而在《精神病态自测表》中得分较低的学生中，这一比例仅为30%。善于看出他人弱点可能是连环杀手的必备特质之一，不过它同样能在机场海关找到用武之地。

黑暗中的掠食者

2003年，加利福尼亚大学圣地亚哥学院的精神病学教授里德·梅洛伊（Reid Meloy）做了一个实验，进一步对红手帕问题进行研究。我们都知道，精神病态者的所作所为让人毛骨悚然。在临床实践和新闻报道中，接触过这些冷酷无情的社会猎手的人，一提起他们就发自肺腑地说他们"神秘兮兮""令人汗毛倒竖""让人毛骨悚然"。这些评价能够真实反映精神病态者的情况吗？我们的直觉经得起推敲吗？我们能像精神病态者识别出我们一样迅速识别出他们吗？

为了弄清楚这一点，梅洛伊询问了450名刑事司法和心理健康领域的专业人员，想了解当他们检查精神病态者时，是否也有过类似的感觉。这些精神病态者都是暴力犯罪分子，其"混音台"上的所有旋钮都调到了最大。结果毫无悬念。超过四分之三的人说他们有过类似的感觉，女性被调查者的相似程度高于男性（分别为84%和71%），硕士和学士学位的临床医生高于博士和非专业执法人员（分别为84%、78%和61%）。这些感觉包括"感觉我要被当成午餐吃掉""恶心……厌恶……难以接受"和"太邪恶了"。

那么这究竟意味着什么？

为了找到答案，梅洛伊追溯到了暗黑、混沌的史前时代，考察了精神病态的起源，相关理论我们稍后将进行探讨。这涉及病原学说的庞杂问题，所以我们首先需要弄明白的是我们应该从什么角度去看它：是从临床角度看，把它当作一种人格障碍，还是从博弈论角度看，把它当成情理之中的生存策

异类的天赋
天才、疯子和内向人格的
成功密码

The Wisdom
of Psychopaths

012

略，一种早期原始环境中的重要生存优势？

弗吉尼亚联邦大学临床心理学荣誉退休教授肯特·贝利（Kent Bailey）赞同后一种说法，他还发展了这一理论，认为群体内部和群体之间的博弈是精神病态最初的发展病因。

贝利说："在原始社会，在跟踪和捕杀大型动物时，人必然会与动物展开激烈残暴的厮杀。"所以人类通常另外组织一支彪悍的"战鹰"[①]分遣队，专门负责跟踪和捕杀动物，同时他们还可作为击退其他部落分遣队袭击的主力。

然而问题的关键在于，他们进化到现代社会后会以怎样的形式存在呢？

牛津大学进化人类学教授罗宾·邓巴也支持贝利的说法。邓巴回溯到公元9世纪至12世纪的古北欧人时代，用了"狂武士"（berserkers，又译作"巴萨卡"）的例子来证明这一观点：据传说、诗歌和历史记载，公元8世纪到11世纪，生活在部落杀戮中的好斗的维京武士在战斗中异常残暴、野蛮。而当他对文献进行进一步研究时，一个更加让人不寒而栗的景象出现了：一个对敌人造成威胁的维京武士精英也会转而对他誓死保护的种群同胞干出同样残暴的事。

梅洛伊认为，人的"精神病雷达"经过长期进化会练就一种令人毛骨悚然的病态思维，肯特·贝利也认为具有残暴掠夺本性的原始人类具有病态特征。但如果是这样，从达尔文进化论的角度看，在群体的自然进化过程中，病态特征应该是双方作用的结果，不可能单方面形成。群体中那些性情更加平和的成员会联系起来形成一种隐性的神经监督机制，这种机制使得一旦某位成员感知到危险或者威胁，它就会发出信号和危险警示。这样，凭借这种隐形的预警系统，他们可以迅速避开危险。

安杰拉·布克对受攻击的受害者的研究和我本人对红手帕问题的调查证

[①] 即维京武士。北欧传说中公元8世纪到11世纪的超越常人极限的战士，以战斗凶猛著称，有时会变得狂暴并不顾一切危险地进行近乎野蛮的攻击。他们不知道什么是疲劳，也不会被战场上的恐怖牵制，发挥其超人的体力持续不断地厮杀，直至战斗结束，并以杀死对方多少个"狂武士"为傲。没有人知道为什么这种原始的战斗会激发出这么惊人的人类本性，但是"狂武士"的故事代代相传，成为维京人的民族英雄。

实，这一机制可以准确解释梅洛伊实验中的性别和身份差异问题。就如一个阴险的情绪识别师，精神病态者非常擅长在深奥的"低音阶"中嗅出受害者的弱点。根据达尔文进化论的观点，女性在身体上的脆弱性使得她们在面临危险时会更紧张，从而更快地做出反应。同理，心理素质低的专业人员也是如此。

这当然只是一种假设。你越是感觉到威胁，遇到危险的风险就越大，加强安全保护就显得越重要。

当然，在我们祖先生活的混沌时代，冷酷无情的猎人更深谙黑暗捕食之道，这是毋庸置疑的。但是那些拥有预警能力的猎人是否就是我们今天所说的精神病态者，还有待商榷。要确定这一点，最大的阻碍就是我们尚且不能真正了解精神病态者的内心。

也许你也想到了这一点。在原始时代，收获最丰富和狩猎技术最高超的猎人，并不是最嗜血和最强势的人。相反，他们最冷静，心思最敏锐。他们能够感受猎物的心思，看透猎物的内心，能够准确地预测出猎物构思巧妙的躲避路线和逃跑计划。

要想弄清个中缘由，我们只需观察一下婴儿蹒跚学步即可。直立行走让人具备了流线型的身躯，预示着人能够更高效地移动，也使得我们的祖先摆脱了四肢爬行的局限，能够更长时间地从事捕猎活动。

但是根据人类学的研究，"穷追狩猎"也有其局限性。比如羚牛和羚羊轻轻松松就可以跑过人类，在地平线上消失得无影无踪。但是如果你能够通过观察它们奔逃时留下的线索或者猜测它们的心思，来准确地预测出它们要去哪儿，那么你的速度就可以比它们快，这样在某种程度上你就可以提高生存概率。

所以如果"捕食者"具有很强的共情心，他们怎么可能是精神病态者呢？如果对于大多数人都赞同的一件事，精神病态者无动于衷，严重缺乏对他人的理解，那么这两个看似矛盾的问题我们该如何解决？对此认知神经科学也许能够提供一点帮助，只是还需要借助一点伦理学知识。

异类的天赋
天才、疯子和内向人格的
成功密码

The Wisdom
of Psychopaths

014

电车难题：我不在乎世界的逻辑

美国哈佛大学心理学家乔舒亚·格林曾观察过精神病态者是如何解决道德两难问题的。我在2001年写的一本书《你不可不知的说服心理学》（*Split-Second Persuasion*）中曾提到过一些格林无意中发现的有趣结果。比如，共情并不是一个简单的概念，而是具有双重特质，存在两个截然不同的"版本"：一为理性版，一为感性版。

已故哲学家菲利帕·富特最先提出下面这个道德难题（案例一）：

一辆电车沿着轨道飞驰。在它将要经过的路线上，有五个人被困在轨道上无法逃身。幸好你可以扳动控制方向的拉杆，让电车驶入另一条支线，从而避开这五个人。然而另一条轨道上也有一个人，这样做要付出的代价是那个人将死于非命。那么你该不该扳动拉杆呢？

在这样一种场合下，大多数人都能比较容易做出决定。虽然扳动拉杆的后果算不上好，但功利主义的选择牺牲了一个人却保全了五个人，也算是下签中的上上签了，对不对？

现在来看看下面这个稍加改动的道德两难问题（案例二），它是哲学家朱迪思·贾维斯·汤姆森提出的。

同样是一辆失控的电车沿轨道飞驰而来，同样是五个人困在铁轨上命悬一线。但这次你站在轨道上方的人行天桥上，身前有一位体形魁伟的陌生人。挽救那五个人的唯一办法是把陌生人推下去。他掉下去后必死无疑，但他庞大的身躯可以挡住电车，从而让那五个人逃过一劫。你应该推他下去吗？

现在你或许会说，我们碰到了一个"真正"的两难问题。虽然这个例子中的生死账算起来与案例一完全相同（都是牺牲一条命挽救五条命），但这次做出抉择使我们更谨慎，更紧张。原因何在？

格林认为他找到了答案：与大脑中的不同区域有关。他认为，案例一属于"与个人感情无关"的道德两难问题，它涉及的大脑部位是前额皮层及后顶叶皮层（特别是前扣带回皮层、颞极和颞上沟）中主要与客观体验有关的理性共情的部位，也就是主要负责推理和理性思维的部位。而案例二则属于"与个人感情有关"的道德两难问题，它猛烈冲击着大脑的情感中心大门——杏仁核，在这个部位掀起轩然大波。

同绝大多数普通人一样，精神病态者在遇到案例一中的道德两难问题时，都相当干脆利落。然而重点在于对待案例二中的问题，精神病态者与普通人完全不一样，他们会毫不犹豫、泰然自若地把那个胖子推下桥去，连眼睛也不眨一下。

这一行为上的差异也在大脑中清晰地反映了出来。当面临与个人感情无关的道德两难问题时，精神病态者与正常人的神经元激活模式基本上是一致的，然而，一旦涉及个人感情，二者的反应就大相径庭。

异类的天赋
天才、疯子和内向人格的
成功密码

The Wisdom
of Psychopaths

016

想象一下，我把你推入功能性核磁共振成像仪①，然后向你提出这两个道德难题。当你在感情与理智之间挣扎的时候，我会从大脑成像图上观察到什么呢？当问题从与个人感情无关转向与个人感情有关的那一刻，我会看到你的杏仁核及相关的大脑回路亮起来，就像赌博机上那些闪烁的灯一样。换言之，我会看到感情起作用了。

然而对于精神病态者，我只会看到一片黑暗。仿佛空荡荡的神经元赌场大门紧闭，已被废弃。当道德两难问题的性质从与个人感情无关转向与个人感情有关时，精神病态者完全不为所动，心中不会掀起一丝波澜。

对里德·梅洛伊和肯特·贝利这样的理论家来说，区别出了"热的"共情和"冷的"共情——我们观察别人时"感受到"别人的感受和冷冰冰地对别人的感受进行机械、客观的推算——之间的差别，是一个天大的好消息。前者过于感性，精神病态者可能在这方面存在一定的缺陷，但是到了后一种情况，起决定作用的就是"理性"而不是"感性"了：需要做出客观、冷静的判断；问题的解决依赖于符号处理，而不是情感共生——这也是老练的猎人和读心者都具备的认知技能。不仅在自然界中如此，在人类的竞技场上也是一样，但精神病态者活在他们自己的世界里。他们只凭借一个共情引擎，就能比拥有两个共情引擎的人飞得更好。当然，这只是他们具有超强说服力的原因之一。

对罗宾·邓巴来说，区别出"热的"共情和"冷的"共情当然也是好消息。如果他不是在研究狂武士，你有时候能在莫德林学院的教员办公室里找到他。一天下午，在一间橡木凹室里，我们一边吃茶点，一边环视四周的回廊。我跟他讲了电车难题及其所显示出的精神病态者和正常人之间的大脑差异，他对这个结果一点也不感到意外。

---

① 功能性核磁共振成像（Functional Nuclear Magnetic Resonance Imaging，简称NMRI）是利用核磁共振原理，依据所释放的能量在物质内部不同结构环境中不同的衰减，通过外加梯度磁场检测所发射出的电磁波，得知构成这一物体原子核的位置和种类，据此绘制出物体内部的结构图像。核磁共振成像仪就是根据这项技术而产生的仪器。

"在公元8世纪到11世纪，维京武士大受欢迎。而狂武士也不是好惹的，不过他们不会做什么有损于他们声誉的事。他们也有自身的职责，即比一般的维京武士更残酷无情、更冷血，因为他们本来就是这样的。如果给狂武士的大脑连接上脑部扫描仪，向他们提出电车难题，我很确定，得到的结果会与精神病态者的完全一样。那个被推下天桥的大胖子注定会名垂千秋。"

我在一块司康饼上涂了点黄油。

"我认为，每个社会都需要一些特别的人，来为另一些人收拾烂摊子，"他继续说道，"有些人并不害怕做艰难的决定、问让人不舒服的问题。他们甘冒风险。历史赋予这些人的使命决定了他们并不会成为你想坐下来与之一起喝杯下午茶的人。你要不要来点黄瓜三明治？"

哥伦比亚大学的丹尼尔·巴特尔斯和康奈尔大学的戴维·皮萨罗也完全赞同这种观点，他们还拿出了研究结论来证实这一点。研究显示，90%的人都不会将陌生人推下天桥，虽然他们很清楚只要克服了自己的道德洁癖，死亡人数就会只有原来的1/5。还有10%的人是没有道德洁癖的少数派，他们主宰他人的生死却少有悔意。这不择手段的少数派都是些什么人？

为了弄清楚这一点，巴特尔斯和皮萨罗向200多名学生提出了电车难题，让他们按照4个等级对是否支持将那个胖子推下天桥打分，看他们有多"功利"。另外，这些学生还要回答一系列人格测试题目，用以测量正常情况下他们的精神病态水平。其中包括诸如此类的说法："我喜欢看打斗场景"和"控制他人最好的办法就是投其所好"（同意或不同意，按照1~10打分）。

巴特尔斯和皮萨罗很想知道，精神病和功利主义，这两者之间会不会有所关联。答案是肯定的。他们的分析显示，用功利主义的方式解决火车问题（将胖子推下天桥）和一种重要的病态人格类型有非常显著的关联。至少根据罗宾·邓巴的预测，从金钱方面来考量，还是很划算的。然而，就功利主义的传统观点而言，还存在一定的疑问。从总体上看，杰里米·边沁（Jeremy Bentham）和约翰·斯图尔特·米尔（John Stuart Mill，又译J. S. 密尔）这两位

异类的天赋
天才、疯子和内向人格的
成功密码

The Wisdom
of Psychopaths

018

19世纪确立了功利主义理论的英国哲学家，通常都被视为好人。

"最大多数人的最大幸福乃是道德与立法之根本。"这是边沁的一句名言。

而继续深入研究，一个更棘手、更怪异、更黑暗的画面就会出现——这是一种最残酷的选择，一种危险的道德激流。例如，起草法律、发掘其中的道德准则都不可避免地会严重损害他人的利益。即使是简简单单的彩票抽奖，某些团体或组织也要为了"更大的利益"勒紧腰带。可是谁有资格来决定这一切呢？巴特尔斯和皮萨罗或许已经在实验室里找到了一种理想模式。但在日常生活中又该怎么样呢？精神病态者在何处才真正有用武之地？

什么决定了你坐头等舱还是经济舱

需要具备哪些条件才能在某一行业中取得成功？尽职尽责，努力工作？这似乎不是成功的关键因素。在法律界、商界以及你想要奋斗的任何一个领域中，要想有所建树，除了具备各种必需的专业才能外，你还应该具备一些特殊的个性素质。

2005年，英国萨里大学的贝琳达·博德和凯塔琳娜·弗里松进行了一项调查，试图弄明白究竟是哪些因素使得商界领袖脱颖而出。她们想弄清楚，决定某个人是坐头等舱还是坐经济舱的关键个性要素有哪些。

博德和弗里松考察了三类群体——企业主管、精神病态者和住院刑事犯人（包括精神病态者以及其他精神疾病的患者），并比较他们在接受心理分析测试时的表现。

她们的分析揭示，精神病态的许多要素，比如**魅力十足、以自我为中心、具有非凡的说服力、缺乏共情能力、独立、专注**等，在企业主管身上其实比在精神病态的犯人身上更为常见。这两个群体的主要差别在于，精神病态的犯人身上的那些"反社会"要素，即无法无天、暴力、冲动等特质的旋钮被调到了更高的位置上。

其他研究似乎也证实了这个"混音台"理论：功能正常型精神病态与功能失常型精神病态之间的界限，与精神病态的诸种特质是否存在无关，而与这些特质的程度及其相互混搭的方式有关。悉尼麦考瑞大学的穆罕默德·马哈茂德及其同事不久前证明，犯罪型精神病态者与非犯罪型精神病态者的大脑功能失常模式（即他们在做出决策时，情感输入的前额叶皮层的功能模式）之间的差异仅在于量的不同，而没有本质的区别。穆罕默德认为，此发现意味着这两组人不应被视为截然不同的两类群体，而应被视为同一大类下的不同小类。

我做过一项与此类似但简单得多的研究。我请一个班级的大一学生想象自己是职业介绍所的经理，我对他们说："不留情面、无所畏惧、无视道德、魅力非凡而且专注，假定你的某位客户具有这些性格特征，你觉得他适合做哪种工作？"

学生们的回答颇具洞察力，其中有精英也有罪犯，包括CEO、间谍、外科医生、政客、军人，乃至连环杀手、刺客、银行劫匪等。

"智力只是助你坐上第一把交椅的两个法宝之一，"一位事业有成的CEO告诉我，"记住，人们把成功比喻成难啃的硬骨头是有道理的。通向巅峰的道路非常艰难。如果你善于借助他人之力，攀上顶峰会容易一些。如果你认定这一点的话，那攀登起来就更容易了。"

伦敦最成功的风险投资人之一乔恩·莫尔顿对此表示赞同。他在不久前接受《金融时报》的采访时，把决断力、好奇心和镇定列为他成功的三大法宝。

前两项素质的价值不言自明，但镇定真有那么重要吗？莫尔顿解释说："镇定的最有力之处在于,它会让你在别人辗转难眠之时安然入睡。"

如果说精神病态者的这些特征能够助商界人士一臂之力，这并不出人意料，那么这种优势在太空中又会有怎样的表现呢？你可能会认为如果把精神病态者送上太空，别说让他们发挥在地球上的优势了，那时他们吓都吓破胆

异类的天赋
天才、疯子和内向人格的
成功密码

The Wisdom
of Psychopaths

020

了。你兴许也认为，相对于美国国家航空航天局（NASA）独有的、让人望而却步的宇航员选拔标准，精神病态者拥有的"优势"特征根本是无稽之谈。但我曾经听过的一个故事形象地解释了在某种特定的情况下，精神病特征中的冷漠、超然确实具有优势，这在罗伯特·黑尔的脑部扫描中显示出来过。神经外科医生詹姆斯·杰拉蒂那种缺乏人情味的专注和绝对的超然，有时预示着他不仅能够在会议室、法庭和手术室中取得成功，而且在另一个世界里也可以。

　　故事是这样的。1969年7月20日，尼尔·阿姆斯特朗和他的同伴巴兹·奥尔德林滑过月球表面，寻找登陆地点，他们只有几秒钟迫降停留的时间。此时他们遇到的最大难题是地表状况复杂，而他们的燃料又极其有限，月球表面岩石和大块巨石密布，要想安全着陆几乎不可能。奥尔德林擦了擦头上的汗水，看了一眼气压表，又看了看地形，明确地向阿姆斯特朗发出最后通牒：尽快确定着陆地点——要快！

　　可是，阿姆斯特朗看起来冷漠又沉着。他根本没有时间听人指手画脚。时间在一分一秒地流逝，燃料即将耗尽，他们随时可能因失重死亡。[①]阿姆斯特朗冷静地想出了一个策略。他让奥尔德林将剩余燃料可支撑的时间以秒倒计时，并大声喊给他听。

　　奥尔德林照他的话做了。

　　"70……60……50……"

　　奥尔德林一边喊，阿姆斯特朗一边仔细勘探月球坚硬复杂的地表。

　　"40……30……20……"

　　复杂的地形不给阿姆斯特朗丝毫机会。

　　只剩下10秒钟了。此时，一片银色的空地出现在地平线下方，就像一片绿洲。阿姆斯特朗赶紧抓住机会。他的注意力迅速集中，熟练地操纵着宇宙飞船，像猎手接近猎物一样驶向目标区——唯一一块方圆几英里的空地。他

---

① 在失重情况下，人体生理会产生一系列变化，严重时会致命。

圆满地完成了着陆任务。这是人类的一大步。然而毫厘之间，他们假如失误就可能酿成太空史上一次重大的灾难。

拆弹专家的秘密武器

以上发生在太空中的不可思议的事件正是我们生活中可能出现的情况的缩影，在这里，成功和灾难只有一线之隔。然而这一次通往灾难的道路被封锁了。尼尔·阿姆斯特朗在压力之下的冷静，挽救了一场宇宙开发史上的灾难，并成就了人类历史上最重要的壮举。不仅如此，随后的报告显示他的心率正常，而且他在整个过程中没有流一滴汗。也许对他来说，宇宙飞船在月球上着陆与在加油站加油并没有什么两样。他是一个心脑血管产生了异变的天才吗？科学显示，并非如此。

20世纪80年代，哈佛大学的研究员斯坦利·拉赫曼对拆弹专家进行了研究，他想知道在这个高风险行业里，到底是什么把人们区分出了优秀和平庸。所有的拆弹专家都不是平庸之辈，否则他们早就死掉了。但拆弹专家到底具备哪些普通技工不具备的品质呢？

为了查明这一点，拉赫曼找来了一批具有10年以上从业经验的拆弹专家，然后将他们分为两组：一组是在工作中获得过勋章的，另一组是没有获得过勋章的。之后他对他们在进行高专注度工作时的心率进行了比较。

研究结果令人惊讶。虽然所有专家的心率都很平稳，但获得过勋章的人身上出现了一些不可思议的差异——他们的心率居然降低了。一旦进入危险区域，他们就会处于更加冷静的、冥想般的专注中——这是一种人和设备合而为一的意识状态。

接下来，拉赫曼揭示了造成差异的原因：自信。测试发现，获得过勋章的专家比没有获得过勋章的专家更有自信。

是自信激励了他们。

斯坦利·拉赫曼是一个初生牛犊不怕虎的心理学家，他的调查结果引起

异类的天赋
天才、疯子和内向人格的
成功密码

The Wisdom
of Psychopaths

022

了爆炸性轰动，就连他自己都表现出了担忧：我们是不是应该密切留意下拆弹专家？不过，他的结论似乎也非常明确："拆弹专家因勇敢无畏而获得表彰，所以他们不会产生心理异常行为或反社会行为。"他指出精神病态者比较重要的特征包括不负责任和冲动，但在他的研究中，拆弹专家们没有这些表现。

然而，贝琳达·博德和凯塔琳娜·弗里松2005年的调查证实，患精神病的罪犯的一些特征在商界更为普遍。并不是所有的精神病态者都像我们想象的那样完全未被驯服，野性未改。在一系列精神病态特征中，只有"反社会"的方面，包括冲动和不负责任等因素，起了决定性作用，造就或毁灭了精神病态者。例如这些特征的程度不同，可能导致他们坠入深渊，或者取得成功。

事实证明，并不是只有拆弹专家在工作时心率会下降。畅销书《当男人对女人动手》的作者、两性关系专家尼尔·雅各布森和约翰·戈特曼发现，这些拆弹专家在工作时心血管的状况与某些施虐者相同。与闭上双眼懒洋洋地躺在沙发上相比，施虐者在殴打他们的配偶时感觉更放松。

雅各布森和戈特曼把这种施虐者比喻为"眼镜蛇"，与"眼镜蛇"对应的是"比特犬"。与"比特犬"不同的是，"眼镜蛇"能迅速而残忍地发起攻击，并保持控制力。"眼镜蛇"型的人大多自高自大，认为自己有权力为所欲为。另外，就像其名字一样，他们在发动攻击前会变得冷静而专注。"比特犬"型的人在情绪上则不稳定，更容易把事情搞砸，一发不可收拾。

表1.1具体列出了这两种人的不同。

表1.1　"眼镜蛇"型与"比特犬"型的比较

"眼镜蛇"型	"比特犬"型
对他人表现出暴力行为	通常只对配偶实施暴力行为
几乎没有悔意	有一定程度的内疚感
受即时满足的欲望的驱使	受被抛弃的恐惧心理的驱使

续表

"眼镜蛇"型	"比特犬"型
能够放下，往前看	执迷不悟；常常跟踪受害者
感觉高人一等	"受害者"的角色
骗子；会向当局编故事、说谎	有更大的情感责任
迷人，富有魅力	抑郁而内向
不需别人告诉自己应该怎么做	需要配偶的不断提醒
在成长过程中遭受过创伤；家庭中有暴力行为	家庭中有某种程度的暴力行为
治疗干预无效	有时能从治疗中受益

正如拉赫曼在拆弹专家实验中提到的，无所畏惧很可能源于勇气，这种勇气使他们习惯了从事危险的工作。不过有人声称，他们的生物基础与我们有本质上的不同，这是他们与生俱来的。不管是有意识还是无意识，即使是最小的焦虑抗原，他们也能自动将其抵制并扼杀于摇篮之中。

我相信这一点，因为我验证过。

恐惧的气味

飞机飞行过程中偶尔因气流导致的晃动是不是会让你惶惶不安？当火车停在隧道中时你是不是也会隐隐感到不安，或者总是担心"有什么事不太对"？如果是这样，那么你可能对周围的其他情况也常常有恐惧感。2009年，纽约州立大学石溪分校认知神经科学家丽莲·穆希卡-帕罗蒂做了一个实验：她在第一次参加跳伞的志愿者腋下装上吸水垫，收集他们在垂直落地前腋下分泌出的汗液，她还收集了人们在跑步机上正常运动时的汗液。然后，她回到实验室把这两种汗液样本放入一个可校准的"雾化箱"中，让第二组志愿者坐进功能性核磁共振成像仪中，在他们的鼻子下面摇动箱子，使他们呼吸到不同的汗液。

猜猜结果如何？虽然志愿者不知道他们吸入的是什么，但是呼吸了"恐

异类的天赋
天才、疯子和内向人格的
成功密码

The Wisdom
of Psychopaths

024

惧汗液"的志愿者，其大脑的恐惧情绪处理部位（杏仁核和下丘脑）要比呼吸到"运动汗液"的志愿者反应更强烈、更活跃。另外，在一项微表情识别中判断一副面孔是威胁性还是中性时，呼吸到"恐惧汗液"的志愿者比呼吸到"运动汗液"的志愿者准确率高43%。

由此引出了一个有趣的问题：我们是不是会像染上感冒一样"染上"恐惧？穆希卡–帕罗蒂的结论是，很可能人类社会动态中有一种隐性的生物因子使得情绪压力"可传染"。

一个更有意思的问题出现了：什么是免疫力？是不是有些人比其他人更容易染上恐惧？是不是有些人的鼻子更灵，能够嗅出恐惧？

为了弄清楚这一点，我对穆希卡–帕罗蒂的实验稍微做了一下调整。首先，我让一组志愿者看了一部恐怖电影《糖果人》，让第二组志愿者在跑步机上跑步。然后我收集他们的汗液，并装进瓶子里。最后，我让另一组正在进行赌博模拟游戏的志愿者去嗅不同的瓶子。

这个游戏就是剑桥赌博任务①，这是一个有关风险决策的电脑游戏，其中包括好几轮测试。实验开始，实验人员会在志愿者面前放10个盒子（有红、蓝两种颜色），参与者要在每轮测试中猜哪一只盒子中装有一个黄色令牌。每轮测试中红、蓝盒子的组合都不同，例如6个红盒子、4个蓝盒子或者1个蓝盒子、9个红盒子。测试开始时，每个志愿者都有100点。第一轮实验开始，志愿者必须按一定的比例，比如5%、25%、50%、75%、95%下注。赢则加分，输则减分，如此重复。高赌注也就伴随着高风险。

如果穆希卡–帕罗蒂的理论站得住脚的话，那么结果将很容易预测。与吸入"运动汗液"的参与者相比，吸入"恐惧汗液"的参与者应该更加小心，赌博的时候也应该更加谨慎。

不过我的这个实验有一点不同。其志愿者有一半是精神病态者。

精神病态者在压力之下一向泰然自若，那他们对其他人所承受的压力是

---

① Cambridge Gamble Task，用于评估眶额叶皮层受损伤的病人在风险决策条件下做出的冒险行为的一个实验。

否也具有免疫力？安杰拉·布克发现，精神病态者能够在视觉上轻易识别出他人的弱点，那么在嗅觉上，通过嗅闻志愿者的汗液，他们是否也能够识别出受到惊吓的志愿者？

实验结果与穆希卡–帕罗蒂的预测完全一致，无精神病态的志愿者接触过"恐惧汗液"后越发谨小慎微，赌注也会下得更低。而精神病态者则仍然泰然自若。他们自始至终都表现得非常大胆，闻再多的"恐惧汗液"也阻挡不了他们下大赌注，冒大风险。他们的神经免疫系统似乎压制了"传染病毒"，无视焦虑，而我们呢，只会让焦虑肆意蔓延。

人格混音台：调节情绪按钮，就能切换不同人格

如果把"精神病态"和"智慧"放在一起，你肯定会感到怪异，但是从科学和逻辑上讲，它们的组合意义广博。

精神病态者具有某种特殊智慧这一看法十分重要。在这里，"智慧"这个词并不是其传统意思，不是指随着年龄的增长和生活经验的积累而产生的一种能力，而是指一种与生俱来的、不可言喻的能力。

后面我们将要讲到的某个精神病态者说了下面这番话：

"一辆功能强大的高档跑车，就其本身而言没有好或者不好之分，其好坏取决于操纵方向盘的人。比如，有可能是这样：一个技术高超、经验丰富的司机开着这辆车，及时将他的妻子送进医院，他妻子生下了他们的孩子；而在另一个平行世界里，一个十八岁的小伙子开着这辆车与他的女朋友驶向了山崖。事实上好坏全在人的操控，简而言之，这完全取决于司机……"

他说得对。也许"有病"的人唯一的特点，也即精神病态人格与"正常"人格最根本、最关键的区别，就是精神病态者毫不在乎周围的人甚至整个社会怎么看待他们。在这个形象、品牌和名誉比什么都重要的时代，我们的角色是什么？Facebook上有五亿网民，大家相互交换信息；YouTube上的两亿视频展示着人们的生活；在英国，平均每20户人家就有一家安装了监控系统，人

异类的天赋
天才、疯子和内向人格的
成功密码

The Wisdom
of Psychopaths

026

们几乎时时处于监控之中。毋庸置疑，不在乎社会的看法也是精神病态者屡屡陷入麻烦的一个根本原因。自然，这也就成为我们认为他们吸引人的地方。

不过有些精神病态者也拥有种种英勇的行为和坚韧不拔的精神，他们有一些可敬的品质，如勇敢、正直和善良——冲进熊熊燃烧的建筑物抢救困在大火里的生命，或者将大块头陌生人推下天桥，阻拦轨道上呼啸而来的火车。

精神病态者就像一辆高性能跑车，精神病是一把双刃剑，不可避免地给社会带来双重后果。

接下来的几章里，我会从科学、社会学和哲学几方面详细阐述这把"双刃剑"的故事和精神病态者独特的心理学特征。我们将从精神病态者到底是什么样的人开始，开启一次了解精神病态者的内心和外在世界的奇妙之旅。

在这把"双刃剑"的两边，都有为数众多的代表人物。比如达默、莱克特和邦迪这些人是典型的开膛手、砍刀手和扼杀者；另一方面，也有一些人走向了另一个极端，比如崇尚精神修炼的僧徒，他们年复一年，进行最高境界的冥想，满怀怜悯之心。事实上，认知神经科学领域的最新研究显示，精神病态谱系可能是环形的。越过神经学上理智和疯狂的分界线，精神病态者和天才之间触手可及。

我们将深入探讨精神病态者的智慧，或者说探讨在某些情况下，将"混音台"上的某些旋钮稍稍调大会有什么好处。我们将审视勇敢无畏、冷酷无情、呆滞（精神病态者眨眼的频率略低于正常人，这是一种生理学上的失常行为，总是给人一种紧张、被催眠的感觉）[①]、极具毁灭性、极富魅力和极度自信这些性格特征，人们常常用这些说法形容他们。这些描述并不是源自他们自己，而是来自他们的受害者！个中的讽刺意味显而易见。也许是达尔文进化论的恶作剧，精神病态者看起来似乎拥有我们很多人孜孜以求的一些个

---

① 很多与精神病态者打过交道的人都会说，他们目光锐利、非比寻常——这也是无数好莱坞编剧不会忽略的一个细节。一方面，眨眼是平衡焦虑的一个生理反应，正如上面所提到的，精神病态者眨眼的平均次数比我们略少，这是一种无意识行为；另一方面，据推测，精神病态者紧盯着人看可能反映了他们更强烈的、捕食者般的关注，正如世界顶级扑克玩家，他们会不断从心理上"捕捉"他们的"对手"泄露出的关键性的情绪玄机。

性特征。

　　我们将会走进世界上最知名的精神病医院一探究竟，从精神病态者的角度，看一看我们每个人在日常生活中面对的问题、困境和挑战。我们将追随神经系统科学家兼精神病猎手肯特·基尔（Kent Kiehl）的脚步，跟着他那辆有18个轮子的卡车和特制的功能性核磁共振成像仪，辗转于美国的各个州立监狱。

　　另外，在一个颇具开创性的一次性实验中，作为一个经颅磁刺激（TMS）[①]模拟方面的专家，我借助一种远程非侵入性神经外科手术，往自己的大脑中"植入"了一些精神病态特征（现已失效），对自己进行了一次"精神病态改造"。

　　本书将深入展示冷酷无情的捕食者本性，并使真理浮出水面。精神病态者可能会蜇痛我们，但是他们肯定都有一些值得我们学习的东西。

_____

① 经颅磁刺激（TMS）是一种非侵入式的临时刺激大脑的方式，其目的在于扰乱皮质的处理过程，进而对所选定的神经通路的兴奋或抑制效果进行研究。

Two

第二章

真正的精神病态者
愿意站出来吗？

Who in the rainbow can draw the line where the violet tint ends and the orange tint begins? Distinctly we see the difference of the colours, but where exactly does the one first blendingly enter into the other? So with sanity and insanity.

谁能画出彩虹中的那条线，画出紫罗兰色终止而橙色开始的那个地方？我们清清楚楚地看见了那些颜色的差别，可是究竟是在什么地方，一种颜色开始融合进了另一种颜色？神志正常的人与神志失常者的区别也在于此。

——赫尔曼·梅尔维尔（Herman Melville）

异类的天赋
天才、疯子和内向人格的
成功密码

The Wisdom
of Psychopaths

030

葬礼后她为什么杀死了自己的姐姐

　　有一则故事在网络上流传甚广，故事是这样的：一个女孩在参加母亲的葬礼时，见到了一个她素未谋面的帅气迷人的男子，她对他一见钟情，相信他就是她的灵魂伴侣。可是她忘了要他的电话号码，葬礼结束，她就再也找不到他了。几天后，她杀了她的姐姐。为什么？

　　回答这个问题前请花点时间仔细想一想。这个女孩杀死姐姐的动机是什么？嫉妒？之后发现姐姐和男子上床了？好像都有可能，但都不是正确答案。显然，这个简单的测试是想看看你的思维方式是不是正常，是不是具有精神病的特质。你要把自己想象成一个精神病态者,像他们那样思考:因为她认为在姐姐的葬礼上,这个男子一定会再次出现。

如果你给出的就是这个答案,也不用担心。实际上,我也撒了个谎——这当然不能说明你的思维就是精神病态者的思维。

然而不幸的是,还有另一个问题。我让一些真正的精神病态者做了这个测试,其中有强奸犯、杀人犯、恋童癖和武装劫匪,猜猜结果如何?没有一个人往"再办一场葬礼"那方面想。恰恰相反,几乎所有人的想法都围绕着"是因感情问题而产生了纠纷"这个逻辑。

作为亚特兰大埃默里大学心理学教授、世界顶尖的精神病专家之一,斯科特·利林菲尔德(Scott Lilienfeld)说,**成功的"精神病态者"更有可能在股市上有所斩获,大赚一笔,而不是在垃圾遍地的黑暗巷子里杀人。**距离他办公室一二英里的地方有一家南方口味的油炸小店,我一边大啖鳄鱼卷,一边向他提出那个葬礼问题,然后问他,为什么我们会对这类问题兴奋不已?

"我认为这类故事的吸引人之处就在于其简便性,"他说,"只需要通过问这个问题就能测试出某人的大脑是否具有精神病的思维特质,并让我们认清这类人的思维,从而避免受到他们的伤害。然而,遗憾的是,事情没有那么简单。"

他的话很有道理。个性是个非常复杂的概念,仅仅通过一个一次性的室内游戏,不可能揭开其中的奥秘。事实上,该领域的专家们多年来已经数次论战,只是近些年,才休战握手言和。

属于你的人格坐标

人们研究人格的历史由来已久,最早源于古希腊的"西方医学之父"希波克拉底。为了抵制"神赐疾病"的谬说,希波克拉底积极探索人的肌体特征和疾病的成因,提出了著名的"体液学说"。体液学说不仅是一种病理学

异类的天赋
天才、疯子和内向人格的
成功密码

The Wisdom
of Psychopaths

032

说，而且是最早的气质与体质理论。他认为复杂的人体是由血液、黄胆、黑胆、黏液这四种体液组成的，四种体液在人体内的比例不同，形成了人的不同气质：多血质、胆汁质、抑郁质和黏液质（见图2.1）。

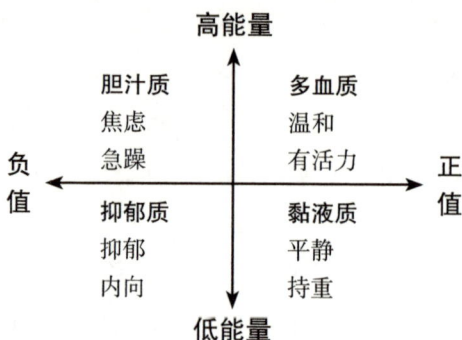

图2.1　人的四种气质

在希波克拉底之后的2500年里，此项研究都没有取得太大进展。直到1952年，英国心理学家汉斯·艾森克的加入才给希波克拉底的二维分类法注入了新的血液。根据详细的问卷分析和深入的临床访谈，艾森克认为人格有两个核心维度：内向与外向、神经质性与稳定性（还有第三个，即精神质，主要特征为攻击性、冲动和以自我为中心，稍后会讲到）。这两个维度通过正交实验法表示出来，就完全囊括了希波克拉底最初提出来的经典的体液学说（见图2.2）。

胆汁质（焦虑、急躁）对应艾森克的情绪不稳定外向型；抑郁质（抑郁、内向）对应情绪不稳定内向型；多血质（温和、有活力）对应情绪稳定外向型；黏液质（平静、持重）对应情绪稳定内向型。如此看来，希波克拉底不仅是"现代医学之父"，还是"人格研究之父"。

但艾森克的二维人格模型与大约20年前美国心理学家戈登·奥尔波特提出的庞大的人格特质词汇学相比，就像患了厌食症一样，显得很小儿科了。所谓的人格特质词汇学就是把词语与相关的性格关联起来，编码成一个人格定位库。根据这种假设，奥尔波特开始在《新韦氏国际英语大词典》浩瀚的

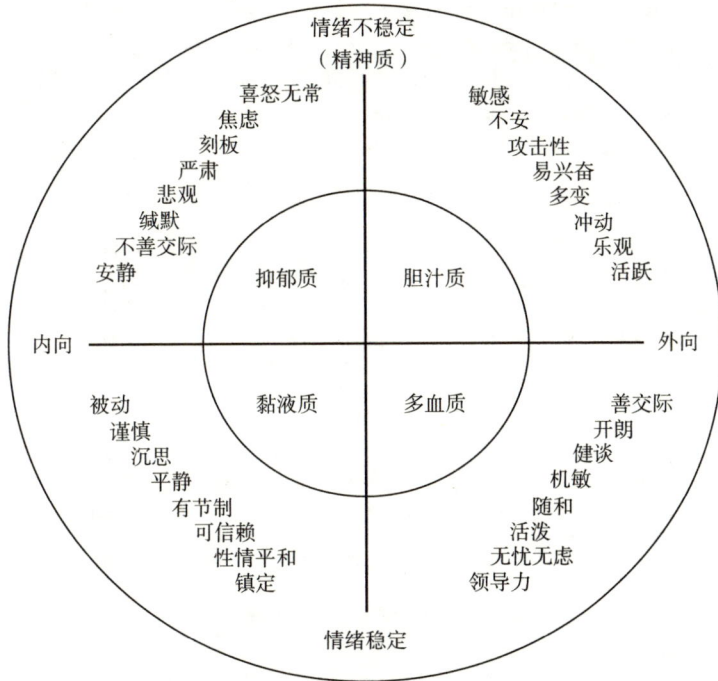

图2.2　艾森克的人格模型囊括了希波克拉底的体液学说

（图中文字）

情绪不稳定
（精神质）

喜怒无常
焦虑
刻板
严肃
悲观
缄默
不善交际
安静

敏感
不安
攻击性
易兴奋
多变
冲动
乐观
活跃

抑郁质　胆汁质

内向　　　　　　　外向

黏液质　多血质

被动
谨慎
沉思
平静
有节制
可信赖
性情平和
镇定

善交际
开朗
健谈
机敏
随和
活泼
无忧无虑
领导力

情绪稳定

海洋中寻找词汇，他想知道究竟有多少与人格相关的词。结果他找到了约18000个。奥尔波特从这个清单中剔除了表示短期人格特质的词，保留了表示长期人格特质的词，最终选取了4500多个词。

1946年，伊利诺伊大学心理学家雷蒙德·卡特尔进一步发展了奥尔波特的理论，之后人格理论才真正形成。通过排除同义词，加入实验研究出的新词，卡特尔总共选择了171个词。之后他着手将这些词编制成人格测量表，并分发给测试对象，让测试对象根据提供的标签对单词进行评定。

分析结果是一个包含了35种主要特质的庞大的人格结构，卡特尔把它称为"人格圈"。在此后的10年中，卡特尔借助第一代计算机和处于萌芽阶段的因素分析法，进一步对其进行缩减和改善，最终只保留了16种（见表2.1）。至此，卡特尔的研究结束，完美收工。

异类的天赋
天才、疯子和内向人格的
成功密码

The Wisdom
of Psychopaths

034

表2.1　卡特尔的16种主要人格特征（1957年卡特尔修改）

得分低者	因素	得分高者
缄默	乐群性	外向
思维迟钝	聪慧性	聪明
情绪冲动	情绪稳定性	情绪稳定
顺从	恃强性	自信
严肃	兴奋性	随遇而安
不遵照规则	有恒性	尽责
害羞	敢为性	毫无顾忌
意志坚强	敏感性	有同情心
信赖	警惕性	多疑
现实	幻想性	富于想象
直率	世故性	谨慎
自信	忧虑性	忧虑不安
保守	开放性	乐于尝试
集体倾向	独立性	自立自强
不自律	自律性	自律
平和	紧张性	紧张

现在的职业心理学家和从事人力资源工作的人应该庆幸后来的理论家们继续推进了这一理论的研究。1961年，美国空军研究员欧内斯特·图佩斯和雷蒙德·克里斯特尔成功地将卡特尔的16种人格特征浓缩为5种。他们将其称为**外倾性、宜人性、可靠性、情绪稳定性和世故性**。最近的20年里，保罗·科斯塔和罗伯特·麦克雷在美国国家健康研究所制作出了NEO人格调查表。

此时该理论已完全成熟，心理学家们终于达成共识。人格的五种特质，即经验开放性（Openness to Experience）、尽责性（Conscientiousness）、外倾性（Extraversion）、宜人性（Agreeableness）和神经质性（Neuroticism），也就是OCEAN（海洋），组成了人类的人格基因组。帕特里克·麦古恩曾经在《囚徒》里说过一句著名的话："我们不是数字代码。"但事实上，我们就是一系列的数字集群。在人格空间的无限算法中，我们每个人都有属于自己的独特坐标，而这个坐标的具体位置，则取决于我们在五大人格维度中的具体数值，也就是人们通常说的"大五人格"（Big Five）。

异类也能当总统？

对于外行来说，人格显得模糊不清、没有界限。只有通过数学方法这面多棱镜仔细筛选，人格才能最终被清晰地划分成五个部分。你也许会说，"大五人格"就相当于心理学上的"人格色彩"：两端是两种截然不同的品格特质，中间是一个连续的谱系，一个能区别我们所有人的人格图谱。

麦克雷和科斯塔总结出了"大五人格"中每一种人格的特质，见表2.2。

表2.2 "大五人格"特质

因素	描述
经验开放性	富于想象——现实
	寻求变化——遵守惯例
	独立——顺从
尽责性	有序——无序
	细心谨慎——粗心大意
	自律——意志薄弱
外倾性	善交际——不善交际
	喜爱娱乐——严肃
	感情丰富——含蓄
宜人性	热心——无情
	信赖——多疑
	助人——不合作
神经质性	烦恼——平静
	不安全感——安全感
	自怜——自我满意

异类的天赋
天才、疯子和内向人格的
成功密码

The Wisdom
of Psychopaths

036

职业心理学家从NEO人格调查表和其他类似的"大五人格"测试中受益颇丰。他们将其应用于各行各业的从业人员。在此过程中，他们发现人的性格与工作性质及工作环境有极大关系。

事实证明，经验开放性人格非常适合那些强调创新或情商的行业，例如咨询工作、仲裁和广告业，而在这个方面得分低的人可能更擅长制造或机械方面的工作。在尽责性方面得分较高的人容易"做过头"，拥有强迫心理或者完美主义倾向，而那些得分较低的人情况正好相反。拥有外倾性人格的人在需要社会互动的行业中表现优异，而拥有内向性人格的人在更需要"单干"或"思考"的职业中做得更好，例如平面设计和会计。与尽责性类似，宜人性总体来说能够促进执行力，这一点在强调团队协作或顾客服务的工作中表现得尤为明显，例如看护和武装部队。与尽责性不同的是，宜人性水平较低的人也会有用武之地，例如在竞争激烈的竞技场上和媒体行业。在媒体行业里经常会发生碰撞，对创意、新闻和佣金等资源的抢夺往往非常激烈。

最后，我们对神经质性进行了研究，这很可能是NEO五个维度中最不确定的一个。然而，毫无疑问，在需要专注和冷静的职业中，情绪稳定和冷静举足轻重，比如在战场上和手术室中。需要记住的是，情绪稳定性和创造性之间一直有着不容忽视的联系。年代久远的伟大文学和艺术遗产所闪烁的不是大脑浅层的思考，而是灵魂迷宫深处的智慧。

如果职业心理学家会根据工作表现区分人的气质差异，即工作成功与否与人格的关联，那么，精神病态者的情况又会怎样？为了找到答案，2001年，唐纳德·莱纳姆（Donald Lynam）和他肯塔基大学的同事展开了一项研究，他们邀请多位世界顶级的精神病专家按照1到5的等级（1代表极低，5代表极高）对精神病态者的30个人格特征进行评级，这些特征是构成"大五人格"的要素。结果如表2.3所示。

表2.3　专家们对精神病态者的人格特征进行评级

经验开放性	尽责性	外倾性	宜人性	神经质性
想象力 3.1	能力 4.2	热情 1.7	信任 1.7	焦虑 1.5
审美 2.3	条理性 2.6	乐群性 3.7	坦诚 1.1	愤怒和敌意 3.9
感受丰富 1.8	责任感 1.2	独断性 4.5	利他 1.3	抑郁 1.4
尝试 4.3	追求成就 3.1	活力 3.7	依从 1.3	自觉意识 1.1
思辨 3.5	自律 1.9	寻求刺激 4.7	谦逊 1.0	冲动性 4.5
价值观 2.9	审慎 1.6	积极情绪 2.5	共情心 1.3	脆弱性 1.5

　　从中可以看出，精神病态者极其缺乏亲和力。如果专家们说爱说谎、强势、无情和自大是精神病态者的"职业特征"，也不足为奇。同样，在尽责性方面，精神病态者也没有什么值得称道的地方。在精神病态者的人格列表中，冲动、缺乏长期目标、不负责任等，都毫无意外地包含在内。不过值得注意的是，精神病态者的强大"能力"让他们的人格分值转负为正，也正是因为能力超群，他们有着不可动摇的自信和对逆境漠不关心的魄力。此外，精神病态者的能力与神经质性有着微妙而密切的联系。焦虑、抑郁、害羞和脆弱都被认为是负面的人格特质，但是当它们与外倾性（独断性和寻求刺激）和经验开放性（尝试）结合在一起时，就产生了一种自然而独特的魅力。

　　精神病态者有着令人印象深刻而又瞬息万变的人格特质，一边是魅力四射的无情，另一边是不可预料的冷酷。

　　有的人可能会想到美国总统。2010年，斯科特·利林菲尔德与司法心理学家史蒂文·鲁本泽和心理学教授托马斯·法辛保尔合作，进行了一项有趣的数据分析。他们在2000年将NEO人格调查表发到了为历史上每一位总统写传记的作家手中。[①]其中包括这类问题："你应该在别人利用你之前利用他

---

① 实际上，NEO人格调查表构成了这个拥有592个题目的庞大问卷的一部分，这个问卷对一系列范围广泛的变量进行评估，其中包括人格、智力水平和行为等。不过统计方法使根据个体的总体表现推断精神病态人格剖析图成为可能。

异类的天赋
天才、疯子和内向人格的
成功密码

The Wisdom
of Psychopaths

038

们"和"我永远不会因为伤害他人而感到内疚"。总计有240个这类题目，表格要求这些传记作家根据他们对写作对象的了解，代表他们的写作对象回答这些问题。

调查结果非常有趣。多位美国总统表现出了非常明显的精神病特征，其中为首的是肯尼迪和克林顿。

如此一来，我们还有必要过于担心吗？正如吉姆·库里所说，既然连世界上最强大的国家的首脑都与连环杀手拥有许多相同的核心人格特征，那么我们还有理由说精神病特征完全是负面的吗？

当人格开始走偏

说到人格障碍，我们需要格外注意，因为其实每个人都有点人格障碍。有人激怒了你，并不代表这个人有人格障碍。这种错误观念，是自恋型人格才有的。根据《精神疾病诊断与统计手册》（*Diagnostic and Statistical Manual of Mental Disorders*）[①]中的定义，人格障碍是"个体长期偏离其所属文化期待的一种内在经验和行为模式"。

这里的关键词是"长期"，说明人格障碍不是单单发生在圣诞节期间的（无可否认，圣诞节期间为典型的发作期）。人格障碍是一种根深蒂固、难以改变的思考障碍、感受障碍或沟通障碍，甚至是不能控制和调整冲动，从而给自身带来痛苦或造成人格功能损害。所以说，人格障碍并不只是那些惹火你的人才有。不过患上了这种病的人都可能惹恼你。

《精神疾病诊断与统计手册》将人格障碍分为三类。分别是奇特/怪癖类、戏剧/多变类和焦虑/抑制类。这些人格障碍其实在生活中处处可见。头戴茶壶套式针线帽、耳挂两只亮闪闪的大耳环、与野猫为伴的水晶球占卜大

[①]《精神疾病诊断与统计手册》（*DSM*）由美国精神病学会（American Psychiatric Association）出版，其中提供了精神障碍分类的通用语和标准规范。在美国，它被临床医生和研究者、制药和健康保险公司以及精神病药品管理部门广泛使用，在世界其他地方也有不同程度的应用。该手册于1952年首次出版。

婶,总是感觉卧室里满是"幽灵",认为过马路的那两个人是外星人——分裂型人格障碍;浑身珠光宝气、皮肤黝黑、曾多次注射肉毒杆菌的游泳池服务员,打扮得令米基·鲁尔克①都相形失色——自恋型人格障碍;我曾经雇用的一个清洁女工,磨磨蹭蹭地在浴室里忙活了三个小时,还没干完——强迫型人格障碍。我的上帝啊,我是按小时向她付费的。这么说的话,到底是谁疯了呢?

人格障碍不只会给生活带来种种麻烦,在临床心理学上也引发了争议。争论的焦点是"障碍"这个词。据诊断,大约有14%的人都患有人格障碍,现在的问题是,我们是否应该叫他们"障碍者"。在现实生活中,也许叫"人格障碍"更好一些。那么人格障碍是不是从人格学说中分流出来的一个病原学分支?还是正好相反,它们是"大五人格"的一部分,是气质研究的一个分支?

2004年,莉萨·索斯曼和安德鲁·佩奇进行了广泛的调查,他们认同后者,反对将人格障碍与"大五人格"分离开来。索斯曼和佩奇一方面阅遍无数临床文献,依次对《精神疾病诊断与统计手册》中所列的10种人格障碍之间的关系进行研究,另一方面,对"大五人格"的五个维度逐个进行检查,然后将调查结果进行数据分析。分析结果显示,《精神疾病诊断与统计手册》中提到的10种人格障碍都可以在"大五人格"的框架内得到解释。其中,最关键的两项是神经质性和宜人性。

索斯曼和佩奇发现,精神受损害型人格障碍(如偏执型、精神分裂型、边缘型、回避型和依赖型)最可能有神经质性特征,人际困难型人格障碍(如偏执型、精神分裂型、反社会型、边缘型和自恋型)宜人性差。研究显示,人格障碍还与外倾性和尽责性有关。位于名流-隐士分界线两边的人格障碍(一边是戏剧型和自恋型,另一边是精神分裂型、偏执型和回避型)是外倾性极高和极低的两端,而对应的寄生虫-控制狂人格障碍(一边是反社会型

---

① 米基·鲁尔克(Mickey Rourke),美国影星。其代表作有《体热》《餐馆》《斗鱼》和《爱你九周半》等,被认为是最性感的演员。

异类的天赋
天才、疯子和内向人格的
成功密码

The Wisdom
of Psychopaths

040

和边缘型，另一边是强迫型）则位于尽责性的两端。

这种情况看似让人信服。如果说万能的"大五人格"维度构成了我们人格的太阳系，那么人格障碍的星群则是太阳系中的一部分。然而问题是，精神病态者处于什么位置？

疯狂的理智

与对人格的研究一样，古希腊人也最先对精神病态进行思考。哲学家泰奥弗拉斯托斯（Theophrastus，约公元前371年—前287年）接替亚里士多德在雅典领导的逍遥学派，他在《人物志》中生动地描写了30种道德气质。其中一些内容让人记忆犹新。

"肆无忌惮的人，"泰奥弗拉斯托斯叹息着说，"会向债主借更多的钱，而他以前借的钱从未归还……在集市上，他提醒屠夫，说自己曾帮过他的忙，随后他站到秤旁边，扔进去点肉，如果可以的话，再顺带放进去一块炖汤的骨头。他若得手还好；如果不奏效，他就顺手抓起一大块肉，扬长而去。"时间推进数千年，到19世纪早期，这个肆无忌惮的人又回来了，这一次，他是形而上学领域的重要人物，就自由意志展开辩论。哲学家和医师猜测，那些违反道德的人，那些昧着良心、游手好闲的人，会不会并不是"坏到家"，事实上他们与那些恶棍完全不同，他们只是对自身行为产生的后果不甚了解或者完全不了解？

菲利普·皮内尔是一名法国医师。1801年的一天，一个男人当着他的面，沉着、冷静而又镇定自若地将一条狗踢死了。皮内尔惊恐万状，潦草地在笔记本上写下这几个字："似疯非疯。"皮内尔全面整理了对这种综合征的详细描述，那个男人不仅对他的行为没有一丝一毫的懊悔，而且他在其他方面看起来非常正常。

事实证明，早在19世纪早期，医师本杰明·拉什就做过分析——同样令人厌恶的行为，同样平静的思维过程。拉什认为这种人"天生道德沦丧""很有可能他身体的某些部分有一种先天存在缺陷的组织，它们被大脑的道德机能所充斥"。这种意志很可能会"超出很多人的理解范围……在冲动时可能在无意中演变成恶行"。

换句话说，神经上的疯狂不会彻底地破坏理智。你可以同时看起来精神健全，而又"不健全"。

佐治亚医学院的美国医师赫维·克莱克利更详细地列举了精神病态者的特征。他说，精神病态者很有智慧，其主要特点是情感贫乏、没有羞耻感、以自我为中心、外表迷人、缺乏内疚感、没有焦虑感、不计后果、反复无常、不负责任、操纵欲强以及人际关系无常，这些描述与21世纪的今天临床医生对人格障碍的定义大体相当。不过克莱克利的每一个词都闪烁着智慧的光芒。精神病态者被描述成"机灵敏捷""风趣幽默"而且"魅力非凡"。

有一篇文章让人难忘，克莱克利在其中写到了这些社交变色龙的思维运作方式，揭示了他们冰冷无情的面孔下的日常生活。

　　精神病态者对我们所谓的个人价值一无所知，也完全无法理解这种事情。他不可能对严肃文学或艺术作品中表现出来的悲剧或喜悦或人性的挣扎表现出一丁点兴趣。他对生活中的情感问题也无动于衷。除非非常浅显，否则美丑、善恶、爱恨对他都毫无意义……另外，他也没有理解其他人为何感动的能力。在情感方面，他就像是个情盲，虽然他有高智商。你很难向他解释清楚这一点，因为在他的认知轨迹里，没有什么可以做参照，来弥补这个空白。对于他理解的东西，他可以口齿伶俐地不断重复，但是对于他不理解的，你就完全无计可施了。

也就是说，精神病态者可以领会词的意思，但无法理解音乐中所蕴含的情感。

当我第一次与精神病态者接触时，我就清楚地领会到了克莱克利的意

异类的天赋
天才、疯子和内向人格的
成功密码

The Wisdom
of Psychopaths

042

思。乔当时28岁，比布拉德·皮特①还英俊潇洒，智商是160。令人无法理解的是，他竟然抑制不住冲动，在停车场将一个女孩殴打到不省人事，然后开车将她带到北部小镇边缘，在黑暗的角落里，多次拿刀威胁对女孩施暴，然后将她割喉，脸朝下扔进了一个废弃工业区的废料桶里。她的部分肢体则放在了他的储物箱里。

五年以后，我和乔约在一个毫无生气、密不透风的会面室里，里面还隐约残留着消毒剂的味道。乔坐在我的对面，我们之间隔着一张桌子。我对他做决定的方式以及他大脑中道德指针的随机设定很感兴趣，而我还有一个深藏不露的秘密武器，那就是早就准备好的心理战术。我向他提出了下面这个难题：

> 一名医术高超的器官移植手术医生有五个病人。每个病人都急需一个和其他病人不同的器官，没有这些器官，他们都会死。可惜现在没有可用的器官，无法进行移植手术。这时一个身体健康的年轻旅客来到医生这里进行常规体检。做检查时，医生发现这个旅客的器官正好与他那五个垂死的病人匹配。假设这个年轻人失踪了，没有人会怀疑这名医生。那么这名医生杀了这个年轻人来挽救他的五个病人，这种做法可取吗？

这个道德难题是由第一章中提到的大块头和火车实验的作者朱迪思·贾维斯·汤姆森提出的。关于这个问题虽然颇有争议，不过多数人很容易就能够理清头绪。从道德上来讲，医生剥夺年轻人生命的行为是应该受到谴责的，不论在当时看来他的理由多么人道、多么富有同情心，他都没有杀死病人的权力。毫无疑问，这是谋杀。不过乔这样的人会怎么看呢？

当我向他提出这个问题时，他面无表情地评论道："我知道问题的症结

---

① 布拉德·皮特，美国电影演员及制片人，好莱坞著名影星。

所在。如果你把它看成玩数字游戏,那就非常简单。杀了一个人,就救了另外五个人。是所谓的功利主义……诀窍就是不要想太多……如果我是那个医生,我连想都不用想。以一个人的生命为代价挽救五个人,不是吗?对这五个人的家庭来说,是五个好消息对一个坏消息。这笔交易很划算,不是吗?"

"**他们凭数字做决定。**"当我与一位资深的司法精神病学家坐在他的办公室里谈到精神病态者时,他这样告诉我。

身份危机

精神病态者的说服能力无与伦比,他们打开他人心理缺口的能力也堪称传奇。乔当然也不例外,他有着北极雪地般冰冷的蓝眼睛和天才般的高智商,他是杀人凶手和强奸犯。所以在现实中颇具讽刺意味的是,当你与一个精神病态者交谈的时候,如果你不知就里,你很难发现他有什么不对劲的地方。这也是这么多年来学术界难以对人格障碍的分类达成共识的原因之一。

1980年,罗伯特·黑尔创建了《病态人格检测表》(Psychopathy Checklist),用来测试一个人是否有人格障碍。1991年,该表经过修订,成为一个包含20个题目、总分为40分的问卷。[①] 对于每个问题,答案为"不符合",得0分;"部分符合",1分;"完全符合",2分。

我们大多数人的得分大约为2分,达到精神病态标准的分数为27分。

这是理论家一贯的做事方式,出现这种情况也就不足为奇了。最近一些临床心理学研究显示,人格空间确实存在着五种主要维度,其中隐藏着精神病态谱系的四种主要因素(见表2.4)。

---

① 《病态人格检测表修订版》(Psychopathy Checklist-Revised,PCL-R)由有资质的人员应用于临床中,它根据大量的档案审核和半结构化的访谈来进行评分。对于修订前和修订后的该检测表,本书统一采用《病态人格检测表》表示。

异类的天赋
天才、疯子和内向人格的
成功密码

The Wisdom
of Psychopaths

044

表 2.4　精神病态的四种主要因素

人际关系	情感	生活方式	反社会
花言巧语/外表迷人	缺乏悔意或内疚感	寻求刺激/容易感到无聊	行为控制力差
过度自负	感情肤浅	寄生的生活方式	早年的行为问题
病态说谎	冷酷无情/缺乏共情心	缺乏实际而长期的目标	少年犯罪
诈骗/操纵他人	不能对自身的行为负责	冲动	被撤销假释或有条件释放
		不负责任	犯罪行为的多样性

换句话说，精神病态是一种复合型人格障碍，它们由许多分散而又相互独立的谱系组成——人际关系、情感、生活方式和反社会，它就像人格这个女巫在酿造魔法药水时产生的边料。

不过这些谱系中哪一个最重要呢？比如，一个人在检测表中的反社会元素得分高，而在人际关系维度上得分较低，与另一个在这两项上得分正好相反的人相比，是不是就更可能是精神病态者呢？

在关于精神病态者的论战中，类似的问题层出不穷。例如《精神疾病诊断与统计手册》列表中的反社会型人格障碍（ASPD）在流行病学的问题中有着特殊的战略意义。美国精神病学会的说法是，反社会型人格障碍和精神病态实际上是同义词。反社会型人格障碍的定义是："从童年时期或青春期早期开始，延续到成年的一种无视或侵害他人权利的普遍模式。"个体必须年满18岁，且在15岁前有品行障碍①的证据，并至少符合下列标准中的三条：

---

① 品行障碍，根据《精神疾病诊断与统计手册》，其主要特征是"侵犯他人的基本权利或违反与年龄相称的主要社会准则，持久反复地发生不良行为……在12个月内具有下列标准中的三条（或三条以上），6个月内至少出现下列标准中的一条：对人或动物有攻击行为……损坏财物……欺诈或偷窃……严重违规"。此外，品行障碍"从临床上来讲，对社交、学术或职业造成明显影响"。品行障碍的两种形式具体是儿童期发病（在10岁前至少出现人格障碍标准中的一条）和青春期发病（在10岁前未出现人格障碍标准中的行为）。

1. 不遵守法律和社会准则的行为，多次做出应遭受拘捕的行为。

2. 欺诈，为了个人利益或乐趣多次说谎、应用假名或欺骗他人。

3. 冲动性，或无法事先计划。

4. 易怒和攻击性，表现为多次殴斗、袭击。

5. 无视自己或他人的安全，鲁莽行事。

6. 不负责任，表现为多次不履行工作或经济义务。

7. 缺乏悔意，表现为在伤害、虐待他人，或偷窃他人物品之后仍无动于衷或对此做合理化的辩解。

那么这与精神病真的是一码事吗? 很多理论家认为，虽然两者之间具有相似性，但本质上的不同在于两者难以捉摸的侧重点上: 反社会型人格障碍的"社会偏差行为"极其混乱，核心情感也模糊不清。

在监狱中，反社会型人格障碍就像感冒一样普通，等同于精神病态。罗伯特·黑尔的调查显示，多达80%~85%的在押犯人具有反社会型人格障碍。与此形成鲜明对比的是，只有20%的在押犯人符合精神病态者的条件。然而这20%的少数人犯下的罪行却比其他人多很多。**记录在案的最严重的犯罪行为中，大约50%来自精神病态者，例如谋杀和连环强奸案，而且这些精神病态者一般都是惯犯。**

对患有精神病的罪犯和没有精神病的罪犯进行比较研究发现，以一年为期，前者再次犯罪的可能性是后者的三倍。如果将暴力行为考虑在内，两者会呈现出更大的差距。精神病态的罪犯因为殴打他人、强奸、杀人而再次入狱的可能性大约是非精神病态的罪犯的五倍。更准确地说，反社会型人格障碍和精神病态之间是不对应的。被诊断有反社会型人格障碍的每四个人中，可能只有一个是精神病态者。但每一个精神病态者都可能有反社会型人格障碍。

异类的天赋
天才、疯子和内向人格的
成功密码

The Wisdom
of Psychopaths

046

杀人者之间的区别

为了清楚地说明这两种综合征之间的区别，请思考一下下面这两个案例。

案例1：

　　吉米现年34岁，因谋杀罪被判处终身监禁。他一向脾气火暴，一点就着，最后卷入一场酒吧斗殴，猛砸受害人头部使其丧命。总体来说，吉米在监狱里还是很受欢迎的，他规规矩矩，低调做人。他给人的第一印象是不够成熟，能随遇而安，与监狱工作人员和狱友也都相处得很融洽。

　　吉米大约有6次犯罪行为，他的犯罪记录开始于17岁，当时他因为入店行窃被捕，不过他的父母说，在此之前，事情就已经变得不可收拾了。大约两年前，吉米15岁时，他就开始在学校里惹是生非了。一开始他很晚才回家，与当地一个臭名昭著的混混团体混在一起，经常撒谎，打架斗殴，偷汽车和损害他人财产。吉米16岁时辍学，开始在一家知名的百货公司上班，负责装载货车。这时他开始酗酒，偶尔会从仓库偷东西，勉强度日。他从不存钱，连勉强维持生活都成问题，于是他开始卖大麻。几年以后，也就是他18岁生日过后的第三个月，他申请缓刑，搬去与女朋友同居。

　　丢掉这份工作后，他又相继干过几份工作，后来他在一家汽车修理厂找到了工作。虽然他因为酗酒、做毒品交易和不良的消费习惯常与女朋友发生争吵，不过他们的关系还是渐渐步入正轨。他有过几次外遇，但最后还是跟那两个人断绝了关系。他说他有种内疚感，担心他的女朋友发现他的外遇而离开他。

　　后来他酗酒到了无法控制的地步。一天夜里，在当地一家酒吧内，吉米卷入了一起打架斗殴事件。酒吧工作人员很快介入，把吉米请了出去。正常情况下，他本应该悄悄走掉。但是这一次，不知什么原因，他没有"善罢甘休"，而是抄起一根台球杆，从后面向另一个家伙的头部猛砸了过去，力气大到球杆碎裂——不幸的是，这一下使受害者脑部大出血。警察来了。吉米当场对犯罪事实供认不讳。在对他审讯时，他认了罪。

案例2：

伊恩38岁，因谋杀罪被判终身监禁。一天夜里，他进入一家汽车旅馆，想弄点吃的，结果，为了从放钱的抽屉里偷钱，他朝接待员开了枪。在监狱里，他因为多次吸食和交易毒品而小有名气，另外还参与多起敲诈勒索事件。他很有魅力，喜欢开玩笑，但是谈话总是以暴力行为或性告终，话题句句不离监狱里的女性工作人员。他曾经有过很多工作机会，但是他做事非常不可靠，加上他在行事受挫时会突然攻击别人，他的工作经历颇为曲折。当狱友们被问到对他的看法时，多数人都说对他有一种畏惧和尊敬的情感。对于自己的这种声誉，伊恩很满意。

伊恩的犯罪记录从9岁开始，当时他从当地的青年俱乐部偷了一些电脑设备。到他11岁时，事情很快升级为意图谋杀一个同学。在学校厕所里，一个男孩拒绝给他午饭钱，于是他将一个塑料袋套在男孩头上，意图将他闷死。伊恩说，如果不是一名教师阻拦，他"一定会让那个胖杂种再也不用花午饭钱了"。回忆起这件事，他摇了摇头，笑了起来。

离开学校后，伊恩大部分时间都辗转于一间又一间隔离的牢房。至少可以这样说，他的犯罪行为多种多样，包括欺诈、入店行窃、入室盗窃、街头抢劫、致人重伤、纵火、毒品交易、拉皮条。有一段时间，他甚至一份工作做不到两周，他要么依赖朋友度日，要么靠赃款和赃物生活。他喜欢不断变动的生活，辗转于一个又一

异类的天赋
天才、疯子和内向人格的
成功密码

The Wisdom
of Psychopaths

048

个沙发，一家又一家旅社——他喜欢四处搬迁，不喜欢在一个地方落地生根。他浑身闪耀着自信和魅力的光彩，总有人愿意给他一个栖身之所：通常是他在酒吧里勾搭上的"某个女人"。不过每次她们都会以眼泪收场。

伊恩从来没有结过婚，但他有一堆同居女友。最长的一段恋爱关系持续了6个月，跟他其他的几段恋情一样，充斥着激烈的争吵。每次都是伊恩搬到情人的住处，而不是她们搬过来。每一次他都"让她们神魂颠倒"。风流韵事不过是家常便饭。用伊恩的话说，他记不清自己什么时候不是"几个妞围着转"，但是他声称他从来没有不忠过。"多数时候我都是夜里回到她们那里，"他说，"她们还想要什么呢？"

在庭审时，法庭对他的指控已经证据确凿。但是他提出了无罪抗辩，直到今天，他仍然认为自己无罪。法庭宣读对他的判决时，他向受害者家人的方向微笑；从被告席下来时，他向法官竖起了中指。入狱之后，伊恩两次提起上诉。他非常自信，相信他的案子会重审，并推翻之前对他的裁定，他完全不在意他的律师如何多次反驳他。他说："等着开香槟酒来庆祝吧！"

假如你是临床医生，伊恩和吉米是同屋狱友，他们都坐在走廊里等着咨询。你认为你可以辨别出他们两个谁是精神病态者吗？从表面上看，也许很难区分。不过再看看反社会型人格障碍的特征吧。他们两个人都无法遵守社会准则，行为控制能力都很差——冲动性、攻击性和不负责任。我会说，这个诊断准确无误。

不过现在还是让我们查看一下对精神病的表述：寻求刺激和寄生的生活方式。我会说，伊恩的问题比吉米多。然而当我们说到感情，或者更具体地说，是感情的缺乏时，伊恩"理智的面具"才真正开始脱落。富有魅力，自以为是，善于控制他人，缺乏共情和内疚感——伊恩的品性与精神病的特征如此相符，就好像他一直在亲身实践这些标准，好像他刚从一家秘密的精神病态者精修学校出来一样，而且成绩优异。**反社会型人格障碍就是有感情的精神病，而精神病是不带任何感情的真空状态。**

大多数精神病态者都在监狱外

精神病与《精神疾病诊断与统计手册》中的标准不相符，这种疏漏非常有趣。出现这种最奇怪也最明显的情况，其原因一般是精神病难以通过实验证实，以及大家把它看作一种反社会型人格障碍。内疚感、悔意和共情这些概念很难量化，所以最好的办法，就是依靠看得见的行为来判断，以免主观性这个幽灵抬头。

但其实这种说法也是有问题的。研究显示，在用《病态人格检测表》对测试者进行精神病检测时，临床医生们得到的结果趋于一致。一位资深的精神病学家告诉我："精神病态者一进门，几秒钟内，你就可以闻到他们身上的变态气息。"

不过这并不是争议的唯一焦点。精神病态者的身份之谜，即他们隐藏在理智面具下的东西到底是什么，让人不安，而且贴近我们的生活。然而并不是所有的精神病态者都被关在监狱里。事实是大多数精神病态者都在监狱之外，即在工作场所中。而且他们中有些人还干得相当出色。正如斯科特·利林菲尔德的研究结果，这些所谓的成功的精神病态者不仅给反社会型人格障碍提出了问题，而且他们当中还有一些人是《病态人格检测表》的支持者。

最近俄克拉何马州立大学的斯蒂芬妮·马林斯－斯韦特做了一个实验，分别向律师和临床心理学家提交了一份精神病特征的典型描述。这两组专业人士看过这份描述后，需要现场回答：在他们认识的人中，是否有某个人符合这个描述（而且这个人在他们所从事的行业里取得了很大成功），如果符合，他们能否根据"大五人格"测试对这个人的人格进行评级。

调查结果显示：**在事业上取得了成功的"精神病态者"，尤其是来自商**

异类的天赋
天才、疯子和内向人格的
成功密码

The Wisdom
of Psychopaths

050

界、学术界和执法机关的成功的"精神病态者"，与以往的调查一样都被描述为有"邪恶和卑鄙的本性"。在那些不成功的同行眼里，他们"不诚实，利用他人，缺乏悔意，从不自责，傲慢自大，浅薄"。

用"大五人格"测试时也发生了类似的情况。取得成功的精神病态者，在独断性、寻求刺激和乐群性维度上的评分很高，而在宜人性维度上，例如利他、依从和谦逊等方面，评分较低。另外，除了自律（成功的精神病态者自律性更高）之外，成功的精神病态者与不成功的精神病态者尽责性相当，而他们在能力、条理性和追求成就方面则达到了最大值。

这些都指向下面这个问题：两者最重要的差别在哪里？成功的精神病态者和不成功的精神病态者、总统和恋童癖之间的不同，难道就只是自律程度的不同吗？如果是在其他条件相同的情况下，这种解释也许有几分道理。克制享乐和抑制冲动的能力可能造成截然不同的人生局面，使犯罪行为变成一种更有规划、更具理性和不那么反社会的生活方式。

《病态人格检测表》和《精神疾病诊断与统计手册》中提出的反社会型人格障碍的标准，"犯罪行为的多样性"和"多次做出可遭受拘捕的行为"分别构成了被诊断为精神病的决定性因素。然而，马林斯-斯韦特的研究却表明，以上两条都不一定适用于成功的精神病态者。也就是说，一个人是一名精神病态者却不是一个罪犯，这是完全有可能的事。

这么说来，成功的精神病态者还不算是货真价实的精神病态者？与那些比他们更为臭名昭著、穷凶极恶的精神病态者相比，他们是缺少了突触的神经元吗？想起来真是颇为复杂啊。

异类的独木桥

1996年，斯科特·利林菲尔德和搭档布赖恩·安德鲁斯正在争分夺秒攻克这个难题。利林菲尔德作为该领域的一名经验丰富的研究员，已对多位精神病态者进行过研究，得出了一个明确的结论，只是这个结论令人费解。多年以来，利林菲尔德认识到，诊断精神病的关注点已经变得很宽泛了。最初的关注点集中在人格障碍的基础，也就是人格特征上，而现在的重点则在反社会行为上。精神病就像一个热闹的马戏团，现在已经陷入取证的泥潭里了。

接下来，利林菲尔德和安德鲁斯提出以无畏为例来阐述。早在1941年最初的声明里，克莱克利就主张将低焦虑水平视为精神病的一个名片，也就是这种综合征的一个重要特征。然而，这一点具体体现在《病态人格检测表》的什么方面？除了这一点疏漏之外，利林菲尔德还发现，"临床派"和精神病态研究群体之间存在着一个重大的理论断层——定性的心理学方法和定量的行为结果。

这两个阵营一边是克莱克利派，他们感兴趣的主要是人格的深层方面，另一边则是行动主义学派，他们坚持《精神疾病诊断与统计手册》和反社会型人格障碍中的标准，他们更倾向于关注犯罪记录。毫无疑问，这种分裂既不利于一直以来在实验方面的探寻，也不利于在诊断方面达成共识。一个人具备精神病人格的所有必备条件，但他并没有周期性的反社会行为，对于这个人，坚持以人格为基础的一派认定其为精神病态者，而利林菲尔德和安德鲁斯根据他的行为以及事实胜于雄辩的原则，认定其不是精神病态者。

这两种观点各有利弊。正如我们在伊恩和吉米的例子中所看到的，并不是所有多次实施犯罪行为的人都是精神病态者。毕竟在现实生活中，精神病态者只是很少的一类人。我们需要融合这两种相互对立的观点。利林菲尔德和安德鲁斯找到了解决的办法。

《精神病态特质量表》（Psychopathic Personality Inventory，简称PPI）包括187个问题，是迄今为止最全面的心理测试表之一。其中包括8个相互独立的精神病维度：不择手段地以自我为中心（ME），冲动且不遵守规则（IN），责任外在化（BE），无忧无虑无计划性（CN），无畏（F），社会效能（SOP），对压力的免疫力（STI）和无情（C）。将其重新划分为三种更高级的轴线为：

异类的天赋
天才、疯子和内向人格的
成功密码

The Wisdom
of Psychopaths

052

1. 以自我为中心的冲动性（ME + IN + BE + CN）
2. 无畏的操纵性（SOP + F + STI）
3. 无情（C）

在统计学中，一旦通过数学方法使其得到确定，最后就呈现出了精神病纯粹的DNA结构。这就是克莱克利最初得到的"基因组"。

利林菲尔德根据核心人格，解释了什么才是真正的精神病态者。他列举了《精神病态特质量表》产生的基本原理："这个问题与现有的对这种综合征的研究方法的结合，所产生的问题是，它们多数都应用于罪犯和违法群体上。不过，我们知道，从外部看来，精神病态者的表现一切正常，而且他们当中的一些人还非常成功。可以这么说，无情、意志坚定、魅力非凡、专注、有说服力和处变不惊，是区分强者和弱者的品质，而且覆盖也相当全面。所以说，在某种程度上，我们应该弥合监狱中的精神病态者和精英精神病态者之间的差距。通往精神病态的阳关道已经建好，但是独木桥……

"我们推论出精神病是一个谱系。毫无疑问，我们中的一些人在某些特征上得分高，而在其他一些特征上的得分则不那么高。我们可以在《精神病态特质量表》中取得同样高的总分，而我们在这8个维度中的情况则可能完全不同。你可能在无忧无虑无计划性上得分更高，在无情上得分低，而我的情况恰恰相反。"

利林菲尔德认为精神病是一个谱系，这种观念意义重大。如果将精神病定义为正常人格的延展，那么从逻辑上说，精神病本身就是一个标量，在一定的情况下，它多多少少都可能带来一定的优势。

无知者无畏

威斯康星大学心理学教授乔·纽曼（Joe Newman）在过去30年的大部分

时间里, 一直都在美国中西部充满暴力和犯罪的监狱里进进出出, 与精神病态者打交道。虽然长时间以来, 他已经适应了这种严酷无情的环境, 但是有时候他还是会有点毛骨悚然。

比如, 他回忆起几年前的一件事, 一个家伙在《病态人格检测表》中的得分高达40分, 这是一个人所能达到的极值, 即满分。这种情况实属罕见。这个家伙是个"彻头彻尾"的精神病态者。

"一般来说, 在谈话的过程中我们会设置一个点, 去'推'他们一下, "纽曼告诉我说, "你明白的, 就是刺激他们, 判断他们的反应。但当我们试探这个家伙的时候, 一开始他都表现得很不错: 举止优雅, 有趣, 很有个人魅力, 可是到了设置点上, 他的眼睛里就开始透出一种冷淡、六神无主的神情, 这种神情很难形容, 不过你一看就会明白的, 它就像在说'走开'! 你猜猜怎么样? 他把我们吓得屁滚尿流。"

纽曼承认说, 有时候他在自己的眼睛里也会看到那种神情, 不过他没说只有同类才能真正了解同类这样的话。不过纽曼也是一个在纽约的穷街陋巷里长大的孩子, 他也有刀枪等各种物件, 而且样样精通。他说, 可以毫不夸张地说, 他很讨人喜欢。

在谈到精神病的选择标准时, 纽曼显得比多数人都更为谨慎。"我最关心的是'精神病'这个标签的使用太过随意, 而其中的关键因素却没有引起足够的关注, "他带着近乎道歉的口吻柔声说, "结果, 这个大门向太多的人敞开了。这个词常常应用于普通犯人和性犯罪者身上, 他们的行为可能从根本上反映了社会因素或其他情绪问题, 与对精神病进行治疗相比, 解决这些问题更有效。"

同样他也更倾向于接受精神病既与犯罪行为共存而又独立于犯罪行为这个观点, 并且这些精神病态者在他们的行业里做得非常好, 这些行业包括外科医生、律师和公司管理层。"风险规避意识低和缺乏悔意, 这两种精神病特征结合在一起, "他阐释说, "根据情况的不同, 可能会导致人犯罪, 也可能使其取得事业上的成功。有时候这两种结果兼而有之。"

异类的天赋
天才、疯子和内向人格的
成功密码

The Wisdom
of Psychopaths

054

这一点并没有什么问题。不过提到人格障碍产生的根本原因时，纽曼的观点却显得格格不入。传统观点认为，精神病态者无法体会到恐惧、共情等多种情绪，这就使得他们的社会认知被麻痹，相应地他们也就无法将这些情绪与他们所做的事联系起来。

纽曼却不这么认为。他不相信精神病态者无法感受到恐惧，相反，纽曼提出，他们只是没有注意到而已。举个例子，如果你是一个蜘蛛恐惧症患者，那么就算是想一想一只有八条腿的东西，你都会出一身冷汗。可想而知，如果有一只塔兰图拉毒蜘蛛在你头顶几厘米的地方摇摆，会出现什么情况。但是如果你根本就不知道它在那里，你就不会害怕，对吧？在你的头脑中，它根本就不存在。

纽曼通过一个非常具有独创性的实验证明了这种情况同样适用于精神病态者。**精神病态者没有感觉到痛苦，没有注意到其他人的这种情绪，不是因为他们无法感觉，而是因为当他们全神贯注于一件可能获得即时回报的工作时，他们将所有"不相干的事情"都过滤了。**

纽曼及其合作者们向一组精神病态者和非精神病态者展示了一系列贴错标签的图画，如图2.3所示。

这是认知心理学家非常喜欢的一个实验，而且这个任务简单至极：说出图画的名称，而忽略掉与图画不相符的文字——在一定的时间限制内，连续不断地进行实验。

事实是，最后多数人都会发现这个实验并不那么简单。说出位于焦点上的图画的名字这个明确的指令，与读出同图画不相符的文字的强烈欲望产生了冲突，这种不吻合让人犹豫不决。这种犹豫，或者大家所谓的"斯特鲁普效应"[①]，是一种衡量注意焦点的方法。你说得越快，你注意的焦点就越狭窄；你说得越慢，你注意光束的弧度就越大。

如果说纽曼的理论有道理，精神病态者确实存在着某种信息处理缺陷

---

① Stroop Interference，因斯特鲁普而得名，他于1935年提出了最原始的范例。

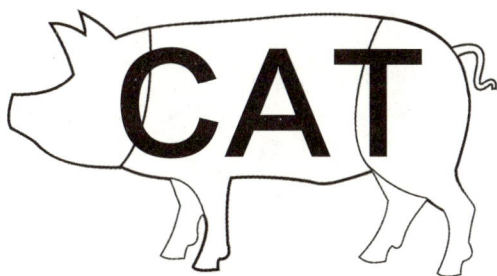

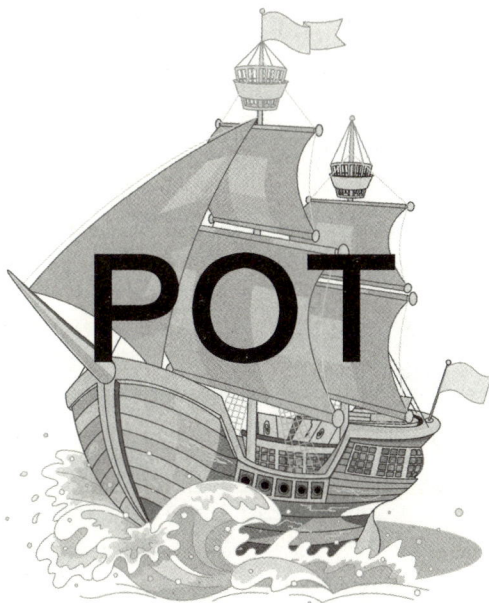

图2.3　斯特鲁普图

（或才能），那么对于他们来说，这个测试就会很简单。他们说出图画的名字的速度会比非精神病态者快。他们轻而易举就可以完成这个任务。

这个研究结果非常完美。纽曼经过反复实验发现，没有精神病的志愿者因为图画和文字不相符而完全无法完成任务，他们需要花更长的时间才能说出图画的名字。精神病态者轻轻松松就完成了任务，完全不受图画和文字不对应的影响。纽曼还在这些数据中发现了异常——在《病态人格检测表》中得分较低的人情况都一样，在任务过程中会遇到同样的困难。但一旦得分达

异类的天赋
天才、疯子和内向人格的
成功密码

The Wisdom
of Psychopaths

056

到某个阈值，也就是28~30分时，这个任务就变得容易至极。**对于其他人清清楚楚看到的那些信息，他们似乎完全感觉不到。**

这并不是因为他们对这些信息具有免疫力。在一个独立研究中，纽曼在电脑屏幕上向精神病态者和非精神病态者展示了一系列字母串。其中一些字母串是红色的，一些是绿色的。另外还有一个规则：红色数字在电脑屏幕上随机显示到一定数量的时候，他们就会遭到电击。正如预料的那样，当字母并不暗示会遭到电击时（例如当他们被问及出现在屏幕中的字母是大写还是小写时），与非精神病态者相比，精神病态者表现出较少的焦虑。但是，当字母的颜色表明会遭到电击时（例如当志愿者被要求明确地说出字母的颜色是红色还是绿色时），两组志愿者的焦虑程度就与纽曼和他的合作者们的预料正好相反。这一次，轮到精神病态者更加紧张不安了。

"人们认为精神病态者冷酷无情，不会害怕，"他说，"但事实远不是这样。当聚焦于情绪时，他们的情绪反应很正常。但是当关注其他事情时，他们就对情绪完全不敏感。"

这与《病态人格检测表》在临床上的情况相悖，那么精神病到底是什么？它是人格的一部分，还是一种完全独立的人格障碍？这个谜团变得更加幽深难解了。

精神病只是在程度上存在差异而已，还是个有自己的联盟的大家伙？

一小步，一大飞跃

从本质上来说，如果这个问题的答案非黑即白、泾渭分明，这也是可以理解的。也就是说，如果精神病是一个连续体，其轨迹是由低到高的，那么无论是特蕾莎修女①，还是约翰·韦恩·盖西，都是直线型的，而道德失衡

---

① 特蕾莎修女，世界著名的天主教慈善工作者，主要替印度加尔各答的穷人服务。因其一生奉献给解除贫困，于1979年获得诺贝尔和平奖。

之路也是平顺的。如果不是这样的话，就不是精神病了。而实际上，每一个
买过彩票的人都会告诉你，事情并没有这么简单。6个中奖号码确实是一个连
续体：一个从第一个号码到第六个号码的连续体。但是你中的是1000美元，
还是1 000 000美元的头奖，那就是另外一回事了。这个函数呈现出指数变化
的特征，一边是连续的几个数字之间的关系，一边是如何将这些数字转换成
"现实生活中的"货币，这一切都存在着概率。猜中所有6个号码的概率（1
比13 983 816）与猜中5个号码（1比55 492）和猜中4个号码（1比1033）的概
率并没有什么不同，至少不存在大的不同。这样，一切的发展都是可以预料
的，而在平行的数学宇宙里，"结果"却并不是这样。它们得出的结果只呈
现出它们自身的轨迹。

　　我向斯科特·利林菲尔德提出了我的看法。实际上，他和乔·纽曼可能
都说得有道理。精神病可能是一个谱系。但是在关于精神病的激烈争论中，
发生的一些事让人觉得不可思议。这就像触碰了一个开关，让问题变得复杂
起来。

　　"我确实认为这是这两个方面达成和解的一种方法，"他沉思着说，
"毫无疑问，在极端情况下他们的看法看似与其他人大相径庭。不过这还要
看你的出发点：你主要将精神病看作一种人格倾向还是一种信息处理障碍，
你是想把它看成一种认知缺陷还是一种气质变异。你还可以从语言学角度
看，所用的术语有障碍、缺陷、倾向、变异……也许听听乔怎么说会很有意
思。你问过他吗？"

　　我没有问过。不过不久以后，我找到机会问乔·纽曼了。我问他："有没
有这种可能，假设确实存在谱系的话，从神经病学角度来讲，你得到的精神病
态谱系越长，就越可能看到渐变的发生？比如说，根据大脑的注意机制或奖励
系统的不同，一个人越变态，他们的关注就越像雷达，也就越倾向于获得即时
满足？虽然一个人在《精神病态特质量表》和《病态人格检测表》中可能呈现
出直线型，但是当其已经证实大脑活动处于较低水平，尤其是得分非常高时，
情况会不会就大不相同了？在实际情况中有没有可能呈指数变化？"

异类的天赋
天才、疯子和内向人格的
成功密码

The Wisdom
of Psychopaths

058

他眯起了眼睛。这位足智多谋的专家并没有心情开玩笑。"当然，"他说，"有可能。但是精神病态在临床上的分界线是30分。而且在实验室中，不知是巧合还是其他什么原因，根据大多数时候的经验，即便大脑活动是较低水平，也会造成认知上的困境。"

"不管怎么说，"他说，"你怎么看都没有太大关系。每一个临床精神病态者都是一个独特的样本。他们各不相同。不是吗？"

Three

第三章

把握时机

I have given suck, and know

How tender'tis to love the babe that milks me:

I would, while it was smiling in my face,

Have pluck'd my nipple from his boneless gums,

And dash'd the brains out, had I so sworn as you

Have done to this.

我曾经哺乳过婴孩，知道

一个母亲是怎样怜爱那吮吸她乳汁的子女；

可是我会在他看着我的脸微笑的时候，

从他的柔软的嫩嘴里摘下我的乳头，

把他的脑袋砸碎，要是我也像你一样，

曾经发誓下这样毒手的话。

——麦克白夫人（Lady Macbeth）（听到丈夫不肯谋杀国王邓肯时说的话）

异类的天赋
天才、疯子和内向人格的
成功密码

The Wisdom
of Psychopaths

060

蓝色海洋上的恶魔

1841年3月13日，"威廉·布朗"号从利物浦扬帆起航，开往费城。安全航行5个星期后，4月19日晚，这艘船在距离纽芬兰250英里的海面上撞上冰山，船体迅速下沉。30多名穿着睡衣的乘客和船员挤上一条原本只能载7个人的大艇。风暴渐渐逼近，大西洋上风雨交加，大副弗朗西斯·罗兹（Francis Rhodes）清楚地知道，如果大家想活命，就必须减轻大艇的载重量。此时船长乔治·哈里斯也在为此忧虑，他与另外很多人挤在另一艘小艇上，祈祷好运从天而降。

"我知道到时候你会怎么做，"他悄悄地向罗兹说道，"不过现在还不能说。这是迫不得已的时候的权宜之计。"第二天早上，他们驶向新斯科舍，撇下这艘危在旦夕的大艇，任其自生自灭。

当天入夜时分，海浪汹涌，情势越发严重。更糟糕的是，大艇破了一个洞，他们疯狂地往大艇外排水，还是无法阻止海水涌入艇内。晚上10点钟，罗兹做出了一个重大的决定：以某些人的牺牲换取其他人的逃生。罗兹认为这样做对那些牺牲的人也并无不公，因为反正他们都会丧命的。但如果他不采取任何行动，他就对不起那些他本可以挽救的人。当然，并不是所有的人都同意罗兹的决定。反对者认为，如果不采取任何行动，大家同归于尽，那么谁都不需要对其他人的死亡负责。相反，哪怕只牺牲一个人来换取其他人的生命，都算是一种谋杀行为，并且，作为杀人犯，他们也可能夺取其他任何人的生命，而这是更加无法饶恕的罪恶。

面对指责，罗兹不为所动。他分析说，只有船漂浮于海上，他们才有存活的希望，只靠划桨来保住大家的性命是不可能的。必须牺牲一些人。

"上帝啊，保佑我吧！我们动手吧！"罗兹和船员亚历山大·霍姆斯边喊边将人扔进海里。北大西洋像一口汹涌翻腾的大锅，黑漆漆的一片。其他水手站着不动，罗兹冲他们喊道："小子们！动起来，否则我们就全完了！"

越来越多的人被扔进海里。14名男乘客——其中两个还是藏起来后被找出来的——都成了凶残大海的囊中之物。最后剩下一个男孩、两个已婚男人和仅有的两名女乘客，她们是自愿被扔进海中的一名男乘客的姐妹。

最后，这些人被一条开往勒阿弗尔的拖网渔船拯救。他们最终抵达了费城，向美国地方检察官上诉。1842年4月13日，也就是这些人在冰冷的大西洋上死里逃生之后一年，一等水兵亚历山

异类的天赋
天才、疯子和内向人格的
成功密码

The Wisdom
of Psychopaths

062

大·霍姆斯被指控犯谋杀罪而接受审判。他是唯一一位在费城被
找到的船员，也是唯一一个因当时的"谋杀"被起诉的人。

如果你是陪审团的一员，对于这个案子，你会怎么看？

在回答这个问题之前，让我告诉你我为什么要这么问。几年前，我做了
一个实验，向40名大学男生提出这个问题。在这40名大学男生中，有20名精
神病指数较高，其余20名精神病指数较低。实验给每个人三分钟时间仔细思
考这个问题，然后把思考结果写下来，以匿名的方式放进信封。通过这个实
验，我得知了精神病指数与人们对这次事件的看法的关系。

在精神病指数较低的20名大学男生中，只有一个学生在规定的时间内做出
了裁决，其他人都还沉浸在对这个问题的思考中。而精神病指数较高的20名大
学男生则无一例外地做出了裁决，并且结果惊人地一致：霍姆斯应该获得自由。

群体中的异见者

如果你竭力想让自己的行为符合主流道德规范，那么恭喜你，你是正常
人。1842年4月23日，也就是审判首次开庭十天后，陪审团花了整整16个小时
才做出最终判决，这个时间几乎与霍姆斯当年在海上的时间一样长。在巨大
的心理压力下，霍姆斯行为的对错难以以道德来评判。最终，陪审团判定霍
姆斯为过失杀人。法官象征性地判处霍姆斯6个月的监禁以及20美元的罚款。
便于比较，请看一下《每日电讯报》（*Daily Telegraph*）2007年的一篇报道：

一名高级警官称，其下属的两名社区服务警察之所以没能救
起溺水的10岁男童而导致其死亡，是因为他们没有"接受相关训
练"。当10岁的男童乔丹·里昂因为救自己8岁的异胞妹妹而遇险
时，这两名警察就站在离事发地点不远的池塘边上。两名60多岁的
渔民跳进水中救起了女孩，这两名警察也赶到了现场。然而他们并

没有施救，而是等待"接受过相关训练"的警察赶来。今天，在就男孩的死亡进行审讯时，男孩伤心欲绝的父母要求他们解释为何不采取措施营救这个可怜的孩子。男孩的继父问道："救一个溺水的孩子，究竟需要什么样的训练？"

乍看之下，这个案子和霍姆斯的案子并没有什么共同之处。事实上它们更像是两个对立的案子。那两个警察毫无挽救他人生命的意愿，而霍姆斯挣扎在挽救他人的奇怪矛盾中。不过深入分析就会发现，这两个案子惊人地相似。

例如，在这两种情况下，问题的关键都在于是否要违反规则。在男童溺亡事件中，社区服务警察因为被职业守则束缚而不知所措，他们认为必须按照规则办事。他们就像会表演的海豹，被训练得丧失了本能，丧失了变通能力。而在"威廉·布朗"号悲剧中，"规则"隐藏得更深，发挥着更大的作用，也更体现了人们的"道德洁癖"。当然，这些规则不一定对解决当下的危机有利。可以说，"威廉·布朗"号上的水手与池塘边上的社区服务警察处于同样的境地：在惨淡的人道主义的紧要关头，陷于道德选择的十字路口，他们必须无视后果地果断行动。当然，水手们与警察们，做出了不同的选择。然而，隐藏在这两个悲剧故事背后的是一个非常奇怪的悖论，也对我们现有的道德体系提出了质疑。

顺从是人类及动物的本性，这一特性在进化过程中一代代沿袭。当一只群居动物受到捕食者的威胁时，它会靠近群体，与同类挤成一团。个体的个性减少，生存机会就会增加。这一规则在动物界及人类社会普遍适用。从史前血雨腥风的蛮荒时代起，进化机制就已深深根植于我们的大脑。社会心理学家做过一个实验，将最新的社交网络与最初的生物本性联系起来，他们发现，当网络聊天室的用户感受到威胁时，他们会显示出"团结一致"的迹象。他们让自己的观点逐渐趋同，从而更容易与其他人的态度和观点达成一致。不过有时候情况恰恰相反：**只有那些善于打破社会惯例、有着"非群体思维"的人才能够救人于水火。**1952年，社会学家威廉·怀特提出了"群体

异类的天赋
天才、疯子和内向人格的
成功密码

The Wisdom
of Psychopaths

064

思维"的概念，用以解释将不同个体紧密团结在一起的群体机制。这一机制使个体迅速形成规范、"正确"的定位，从而免受外界的影响：对群体外部的反对无所顾忌，对群体内部的异议则表现出强烈的反感。他们认为自身的公正性无懈可击，非常自信。心理学家欧文·贾尼斯（Irving Janis）对这种现象做了很多实证工作，他将这一过程总结为："当人们处于紧密的内群体中时，群体成员为了达成一致，会置他们的个人目标于不顾，这是一种从现实的角度对备选行动方案进行评估的思维模式。"但这样并不一定就能够做出最优决策。举例为证，比如"挑战者"号航天飞机的失事事件。

当时，为了推进太空计划，获得大量的资金支持，国会加大了税收力度，然而一系列问题导致了发射的延迟。在强大的政治压力下，国会必须保证"挑战者"号发射计划顺利进行。然而就在航天飞机离地升空前24小时，一名合作者对火箭助推器的O形环提出了质疑，美国国家航空航天局的科学家和工程师们对这一担忧敷衍应对。虽然召开了一系列电话会议对这个问题进行详细讨论，但事后还是不可思议地推进了航天飞机的升空计划，"挑战者"号发射升空。

结果证明，这是一个灾难性的决定。调查显示，罪魁祸首不仅仅是O形环，其中还隐藏着另一个更致命的元凶——一种陈腐的、令人窒息的群体心理状态。当时的总统里根下令成立专门的工作组——罗杰斯委员会（The Rogers Commission），负责对此次事件进行调查，证实了当时全世界社会心理学家难以言喻的担忧：美国国家航空航天局的组织文化和决策程序是酿成这场悲剧的罪魁祸首，其中，达成一致意见的压力、对警告的不加重视、自我感觉良好都是不容忽视的重要因素。

那么，独立于社会规范之外，站出来按照自己的规则行事的能力也是人类固有的吗？证据表明确实如此。勇敢无畏、无拘无束的少数派早已形成。

疯狂的数学游戏

精神病的基因是如何成形并被遗传下来的？这是个非常有趣的问题。如果这种"变异"在人类基因的发展中适应性不强，那么为什么其发生率一直如此稳定，一直有1%~2%的人有精神病？莱斯特大学心理学教授安德鲁·科尔曼（Andrew Coleman）对此的解释非常有趣。

1955年，电影《无因的反叛》（*Rebel Without a Cause*）首映。此前，没有一部描写叛逆青年的电影曾像这一部那样让人满怀同情。对博弈论者来说，电影中的一个场景把其他电影都比下去了：在一次致命的博弈中，主角吉姆和巴兹分别开着一辆偷来的汽车，无情地冲向悬崖。

科尔曼让我们从司机的角度想象一下这个场景，或者换一个我们更熟悉的版本，在即将发生的迎面撞击中，两名主角都加速冲向对方。他们都有选择的机会：采取明智的"非精神病"的策略，将车转向以避免撞击，或者选择危险的"精神病"方式，脚踩油门。不同的选择会得到不同的"回报分数"，这也就构成了一个经典的"你帮我我就帮你，否则咱们都完蛋"的模

异类的天赋
天才、疯子和内向人格的
成功密码

The Wisdom
of Psychopaths

066

式，我们可以通过博弈论对此进行模拟。博弈论是应用数学的一个分支，博弈的结果并不取决于博弈个体的行动，而是博弈双方行动的交互作用，它是一个将最优决策程序量化的过程（见表3.1）。

表3.1　精神病演变的博弈论模型

	巴兹：非精神病	巴兹：精神病
吉姆：非精神病	吉姆得3分	吉姆得2分
	巴兹得3分	巴兹得4分
吉姆：精神病	吉姆得4分	吉姆得1分
	巴兹得2分	巴兹得1分

如果吉姆和巴兹都采取理智的选择，将车转向，结果就是平局，两人都会安好（3分）。相反，如果两个人都呈现出精神病的特征，决定开车冲过去的话，那么两个人都会有生命危险，最轻微的情况也是重伤，所以两人都会得到最差的结果（1分）。

科尔曼解释说，如果一个司机，比如吉姆选择谨慎行事，将车转向，而巴兹是个"疯子"，这时候，差异就显现出来了。吉姆的生存可能性降低，他成了懦夫，得到的结果很低（2分），而巴兹的生存可能性会增加，获得最高分（4分）。

数学世界的这个微观缩影解释的各种可能性与社会学世界里真正的精神病态者可以说是如出一辙。我们在实验室里反复对这个游戏进行实验，从生物学的角度预先运用电脑程序对几种响应策略进行编码，之后发现了一件有趣的事。当以进化论的标准设置结果的时候，假设获得更好结果的玩家有更多的子孙受其影响采取同样的策略，这些人的进化最终就会达到一个稳定的平衡，即他们会保持祖先的精神病态特征。这个结果真实地反映了现实生活中人格障碍的发病率（1%~2%）。

也就是说，那些脚踩油门的人，那些"疯狂"的人，如果他们的对手是正常人，他们终究会是胜出者。有时候，看似"不合理的"行为可能才是真正正确的行为。

2010年，名古屋大学心理学家大平英树和他的博士生大隅尚广证实了科尔曼的理论。他们发现，在某种特殊情况下，相比正常人，精神病态者能做出更好的财务决策。然而从另一个方面来看，精神病态者的行为方式确实显得有点荒谬。

英树和尚广设置了一个"最后通牒博弈"（ultimatum game），这是一个神经经济学领域广泛采用的范例，从广义上说，它主要对我们评估货币以及其他类型的收益方式进行研究。游戏中有两名参与者，他们共同选择如何对他们得到的一笔钱进行分配。第一个人提出一种分配方案，第二个人决定是否接受这个提议。如果第二个人拒绝了这个提议，那么两个人都得不到这笔钱。如果第二个人接受这个方案，那么这笔钱就按照第一个人的提议进行分配。

请见图3.1，你会发现这个游戏中有一些有趣的现象。在这个图中，第一个人提出的分配方案有可能是公平的，也有可能不公平。比如说，他们可以按照50∶50的比例分配这笔钱，也可以按照80∶20的比例进行分配。当分配比例开始接近70∶30这个点（有利于第一个人）时，第二个人就会进入拒绝模式。毕竟，这不仅仅是钱的问题，还有原则问题！

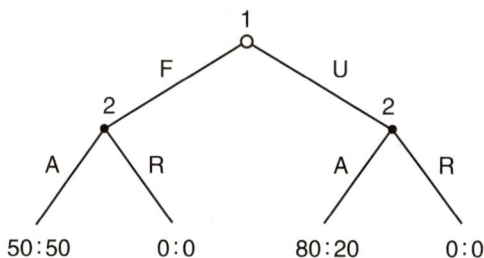

图3.1　最后通牒博弈（1=游戏参与者一；2=游戏参与者二；F=公平的分配方案；
U=不公平的分配方案；A=接受分配方案；R=拒绝分配方案）

英树和尚广发现，精神病态者玩这个游戏的方式与常人有很大不同。他们不仅更愿意接受不公平的分配方案，而且在处于吃亏、应该自我保护的紧急状况下，他们也会按照简单的经济效益原则选择分配方案，并且更少为分

异类的天赋
天才、疯子和内向人格的
成功密码

The Wisdom
of Psychopaths

068

配方案的不公平而烦恼。"皮电反应"（GSR，一种根据汗腺的自然反应测出压力指数的方法）实验显示了精神病态者和正常人之间的差异。当对方占便宜时，与对照组相比，精神病态者明显更不容易烦恼，而且研究结果表明，他们银行账户里的钱千真万确是多了起来，是没心没肺让他们的钱包鼓了起来。所以说"傻人有福""吃亏是福"这些话，可能蕴含着有趣的心理学真理。

英树和尚广总结说，有时候成为精神病态者也是有好处的，不过在表现方式上他们的研究结果与安德鲁·科尔曼的不同。科尔曼证实的结果是采取果断措施（换句话说，在他的案例中就是放弃），而英树和尚广的发现结果却恰恰相反。

如果你需要证实任何一种策略的价值，就问问了解内情的当事人吧。

美国黑帮怎么上位？

"洛克"，也就是雅利安兄弟会，是美国联邦监狱中最令人闻风丧胆的帮派之一。"就像一道耀眼而强烈的闪电，划过监狱上空。"一个私家侦探这样描述他们。监狱内外，没有几个人不赞同这种说法。根据美国联邦调查局（FBI）的数据，美国监狱中21%的谋杀案都是他们犯下的——虽然他们的成员只占囚犯总数的1%，但你不可能认不出他们。其成员留着海象般的胡子，看起来更像美国拓荒时代的西部人，而不像当今的杀人犯，他们的文身是三叶草和纳粹党的"666"标记，在三叶草的每片叶子上还有"666"的图案。如果你为了向人炫耀，未经他们允许在身上文了这个图案，他们一定会帮你把它去掉——用剃刀剃掉。

洛克是监狱世界里的"特种部队"，其成员都是些心狠手辣的角色。1964年，该组织由一群白人至上主义者在加利福尼亚的圣昆丁特级监狱里创立，其成员人数虽然比其他帮派少，但经过短短几个月的血雨腥风，它就飙升为最臭名昭著的帮派。他们是如何做到这一点的？机灵点可没有什么坏处，这是一定的。

尽管很多帮派成员都被关在安全级别最高的监狱里，而且经常是23个小时都被单独关押，他们仍然能通过各种巧妙的办法协调行动，例如用尿液制成看不见的墨水，使用由文艺复兴时期哲学家培根爵士发明的、有400年历史的二进制密码系统……各种奇妙精绝的方法层出不穷。洛克组织冷酷无情，时至今日还保留着其简单而邪恶的会规："流血进，流血出"（Blood in, blood out）。

"流血进"指每个准成员只有杀死一个敌对帮派的成员才有资格入会，并且他们必须按照指令执行其他命令。"流血出"指洗手不干的唯一方法就是迅速在地球上消失，要么死于各种离奇的自然因素，要么是被杀（更有可能）。洛克成员承认，这个规则最简单又最冷酷无情，没有半点讨价还价的余地，也不得提出任何质疑。"天不怕，地不怕"是他们的准则。他们在人数上的缺陷，用无所畏惧的残忍得到了弥补。毫无疑问，这一点在被高度激发的精神病态者中很常见，而无情也有利于他们行事。

洛克成员会进行大量的研修工作，比如银铛入狱后在监狱图书馆阅览图书，通过其他途径也能弄到一些资料来看，他们把这当成"毕业"前的学习模块。和尼采、马基雅维利、托尔金和希特勒一样，他们钻研人体解剖学，寻找在突发情况下人体最容易受伤的部位；在安全级别最高的、时空似乎扭曲的监狱里，他们用10秒钟就能打开一扇窗户，仿佛进入了一个永恒自由的时空隧道；监狱里犯人之间的打斗量级相当于日常生活中长达12轮的激烈殴斗，速度至关重要，他们眨眼间就可以做很多事情：割断气管，割裂颈动脉，刺穿脊髓，刺破脾脏和肝脏。他们知道，当机会出现的时候，一定要明白应该怎么做，这一点非常重要。

洛克前成员巴里说，在联邦监狱幽暗的角落里，潜藏着一面不可理解的道德高墙，你看不到它，也无法控制它。然而这种策略也许非常适合监狱这种环境，它能灭火而不是引火上身。从长远来看，它能够控制局势，而不是煽风点火。

异类的天赋
天才、疯子和内向人格的
成功密码

The Wisdom
of Psychopaths

070

"在监狱里，"巴里解释说，"环境复杂恶劣。与外面的世界相比，它有另一套完全不同的生存法则。监狱是社会中的社会。如果你不站出来表明自己的立场，就随时会有人找上门来，所以你必须做点什么。你要靠近人群，但不必太过，因为一两次后就会有人警告你：不要跟这些人混在一起。与其补救已然，不如防患未然。"

巴里关于解决冲突的观点很有意思，并且得到了被监禁的沉默寡言的音乐制作人菲尔·斯佩克特的认同。这个携带玛格努姆手枪的怪人曾经这样阐述："一枪在手而不发，胜过用时没枪在手。"至于他今天是不是还这样认为，我们不得而知。公元前6世纪的中国军事战略家孙子坚持这样一个更为微妙的立场："不战而屈人之兵，善之善者也。"这种至高境界，与我们刚才在吉姆和巴兹的例子中看到的一样，都很难伪装出来。而且很显然，它们都必须根植于自信——不是虚张声势的虚假的自信，而是一种源自信仰的真正意义上的自信。

曾是特种部队战士、现为武术指导的迪安·彼得森说："有时候，当你处于劣势时，最好的办法是迎合对方对你的攻击意图，然后先他一步而动。刺激他，就像打扑克那样。一旦你获得了心理上的优势，就给他点颜色瞧瞧。让他知道谁才是真正的老大，你才能一举将他拿下。"

怎样在挑战者动手前就让他信服，从而更好地维护你的权威呢？

巴里的话蕴含着更深层的意义，不仅包含了冷酷无情，还与无畏和迷人的外表等其他精神病特征有关。现在看来，**冲突并不是在自然界确立统治地位的唯一方法**。回溯我们祖先生活的时代，那时的生存与在监狱里一样并非易事。虽然群体成员之间的关系非常重要，但是群体还是给予了挑起事端的冒险者极大的奖励。

有人发现，时至今日，在猴群中仍然存在着这样的情况。雄性黑猩猩（与我们最接近的近亲，有96%的基因与我们相同）通过采取有利于下属的举动，也就是"慷慨"来取胜。这种慷慨主要体现在食物上：它们承受着向群体提供食物而自己长期面临食物匮乏的危险，慷慨地分配自己的猎食成果，并将其他成员的成果没收，进而将食物重新分配。

灵长类动物学家弗兰斯·德·瓦尔（Frans de Waal）指出："首领并不是通过获得什么东西脱颖而出的，相反，它们是通过给予群体东西来确立自己在群体中的地位的。"

同时，还有一些灵长类动物通过提供"公共服务"或者"领导能力"来与同类争夺地位，例如促进群体间的合作，或者，我们可以说它们是通过非凡的领导力、说服力和魅力获胜的。占统治地位的黑猩猩、短尾猴和大猩猩都是通过干预下属之间的争斗进行竞争的。然而，与我们的想象不同的是，在一般情况下，它们的干预并不是偏向亲属和朋友。如德·瓦尔所说，实现这一目标的"前提是最大限度地恢复和平"。

德·瓦尔接着说："因此，它们并不是采取分散的方式解决冲突。大猩猩们会在它们中间找出一个最有效的仲裁人，然后全力支持这个人，使之得到更广泛的支持，以此取得和平和秩序。"

冷酷无情、无惧无畏、具有非凡的说服力、富有魅力，这些特征结合在一起是致命的，然而有时候也可以救命。如果说在进化过程中，现在的杀手渐渐背负了曾经的冲突调节者所拥有的英勇，那么结果又会怎样？这也并不是不可能的。当然，也就意味着暴力是稀松平常的事。

异类的天赋
天才、疯子和内向人格的
成功密码

The Wisdom
of Psychopaths

072

精神病态者的生存法则

1979年，苏黎世大学的克里斯托夫·佐里科夫（Christoph Zollikofer）发现了一副大约36 000年前冰河时代的骨架残骸，那个时候古代欧洲人下巴突出、眉骨高耸。这一发现具有重大的人类学意义。经过确认，这是尼安德特人的残骸。不过这具残骸的头盖骨非常奇特。在头盖骨右上方的一段骨头上，有一条大约四厘米长的裂痕。在考古发掘过程中，样本损坏是常有之事，但这具残骸有点异乎寻常。

这条裂痕似乎暗示着谋杀，因为它看起来不像是地球物理学上的衰退现象，更像是史前时期发生了什么事。这一切都深深地隐藏在幽暗的历史中。可以推测，这不是个简简单单的冒险故事，而是一次暴力事件，或者说得更具体点，这个伤痕是由带有锋利刀片的工具劈出来或砍出来的。根据已有证据，对裂痕的位置及形状进行推理发现，这个头盖骨的其他部分既没有断裂，也没有扭曲变形。佐里科夫得出的结论就是：人类相互攻击的历史远远久于我们的预料。由此可见，伤害他人是人类的本性。

他还认为，大约40 000年前，不断流动的尼安德特精神病态者就在史前欧洲大陆上游荡。这个想法很有意思，不过并不让人吃惊。的确，与刚才描述的关于"背负说"的论点相反，精神病态者在传统演变中主要体现在人格障碍的掠夺性和攻击性方面。在《利文森自评量表》（the Levenson Self-Report Scale）中，有下面这样一个典型的测试项目：

"适者生存，我不关心那些失败者。"在从1到4的4个等级中，1表示"强烈反对"，4表示"非常赞同"，请你对这一表述进行评级。

多数精神病态者都对这一说法表示出强烈的赞同——当然，这也不总是坏事。

"两只老鼠掉进了一只奶油桶里。"莱昂纳多·迪卡普里奥这样说道。

他在电影《猫鼠游戏》中饰演的弗兰克·阿巴内尔①是全世界最臭名昭著的骗子之一。"第一只老鼠很快就放弃了，它被溺死了。第二只老鼠不肯放弃，它拼命挣扎，最后把奶油搅拌成了黄油，终于爬了出来……我就是那第二只老鼠。"

不过在谱系的另一端，我们看到了另一种截然不同的规劝，例如宗教上、精神上和哲学文本中信奉的信条，有很多关于节制、忍耐和善待地球之类的典故。

那么你属于哪一种？精神病态者、圣人，还是介于两者之间？从概率上来说很可能是后者，这可是有充分的生物学依据的。

囚徒困境

在本章的开头，我们已经看到了博弈论在实际生活中的应用。博弈论作为应用数学的分支有助于战略形势的研究，使我们在成本与收益可控的情况下，制定出理想的行为策略。相比较而言，博弈论从本质上设置了一个不断变化的场景。它更强调个体的能动性和更广阔的社会群体之间的关系，是自然选择的一个分支。在这种模式和理论下，我们能够了解到多种行为或生活策略是如何演化而来的。安德鲁·科尔曼的研究已经向我们证实，精神病态也不例外。

为了继续科尔曼的研究和对精神病态人格的进化动态进行更深入的研究，我们可以策划一个与吉姆和巴兹的悬崖困境类似的情景，只是这一次，我们让这个情景与个人有更多关联。

假如你和一个共犯都被怀疑实施了一起重大的犯罪行为，警察抓到了你并对你进行审问。

---

① 弗兰克·阿巴内尔（Frank Abagnale），一位美国安全顾问，早年以伪造支票、冒充他人身份、骗取信任并脱逃的经历而闻名于世。

异类的天赋
天才、疯子和内向人格的
成功密码

The Wisdom
of Psychopaths

074

在警察局里，警察分别对你们两个人进行审问，不过他并没有足够的证据对你们提出指控，于是就采取了这个老掉牙的办法，让你们互相争斗，他们好坐收渔利。他挑明了对你说，要跟你做个交易。如果你供认了，他就会把你的供词作为起诉你同伙的证据，你的同伙就会被判10年监禁。同时他不会对你提出指控，你可以自行离开。这个交易好得令人难以置信？是的，不过还有一个前提：警察告诉你，他也会与你的同伙做同样的交易。

你现在有时间单独考虑一下这个交易，但是这时你忽然想起一个问题，你问道："如果我们两个人都供认了会怎么样？我们两个人都要蹲10年大狱吗？还是我们都可以自由离开？"警察笑了。他回答说，如果你们都供认了，他会把你们两个人都送进监狱，不过你们都可以减刑5年。那如果两个人都不供认呢？你们还是要进监狱，不过只有1年（见表3.2）。

表3.2　囚徒困境

	同伙没有供认	同伙供认
你没有供认	同伙获刑1年 你获刑1年	同伙获得自由 你获刑10年
你供认	同伙获刑10年 你获得自由	同伙获刑5年 你获刑5年

警察非常狡猾。你可以想想看。实际上，他的这个提议你几乎无法拒绝。事情的结果很简单。不论你的同伙如何选择，对你来说比较好的办法就是供认。如果你的同伙守口如瓶，你也不供认，你就面临着一年的监禁，或者你举报他，你就会获得阳光下的自由。同样，如果你的同伙决定举报你，而你坚持不供认的话，你就会在监狱里待上整整10年，或者你也供认了，你们都将刑期减半。可想而知你们两个人的窘境。从逻辑上来讲，出于自我保护，唯一合理的做法就是供认。也正是这个逻辑让你们麻痹，使得你们两个人都丧失了通过保持沉默来使你们双方共同的刑期最小化的机会。

需要注意的是，这里并不涉及正直与否的问题，即并不存在为了"正义"而守口如瓶的情况。此处道德价值很模糊，囚犯可能会考虑自己会处于被利用的境地，但囚徒困境的全部目的就是抛开道德框架，由执法者来确定囚犯可以采用的最佳行为策略，这就是一个零道德压力下的心理真空状态……而这样也就最大限度地构成了自然界的生存法则。

那么精神病态式的做法正确吗？真的是适者生存吗？这个策略看起来是合乎逻辑的。在囚徒困境这样的一次性例子中，你可能会认为，采取果断行为（用官方的话来说就是背叛）就可以抢占先机。既然如此，为什么不放手去做呢？

原因很简单。生活并不是一次性的，它有其复杂性。**如果生活真像一次性筷子那样用一次之后就可以随意丢弃，那么人类生存的全部不过就是无穷无尽的船只在黑夜里行驶，那么，精神病态者的做法就是正确的。他们很快就会统治这个地球。**但事实并非如此。相反，生活这面屏幕上密密麻麻地填充着成千上万的像素点，它们相互交织，构成更大的图景。我们共同构成了社会的历史。与囚徒困境中的角色不同的是，我们能够相互交流。这一点点的不同会造就多大的不同啊！如果我们能够来一次囚徒困境的话，我们能够重复进行很多次，可以反反复复地进行下去。利用奖惩制度中的分数得失来代替刑期（见表3.3），通过一些简单的数学运算，采用与吉姆和巴兹故事中同样的方法，我们就能够模拟出更为复杂的现实生活。

表3.3　囚徒困境游戏样例

	同伙采取合作方式	同伙采取竞争方式
你采取合作方式	同伙获得5分	同伙获得10分
	你获得5分	你获得0分
你采取竞争方式	同伙获得0分	同伙获得1分
	你获得10分	你获得1分

这样会怎么样？如果不断循环重复，精神病态者能做得更好吗？或者他们的策略会被简简单单的"数字保平安"打败吗？

异类的天赋
天才、疯子和内向人格的
成功密码

The Wisdom
of Psychopaths

076

好人与小人，谁能统治世界？

好人与小人，究竟谁能统治世界？要回答这个问题，让我们先想象一个与我们生活于其中的现实社会稍微有点不同的社会：这个社会就像过去的西方社会，工人们每个周末都会从老板手里接过棕色信封，里面装着自己一周的工资。设想一下，我们可以把这些工人分为两种不同的人。第一种人诚实、勤奋，把整整一周的时间都投入到工作之中，我们暂且称他们为好人；另一种人不但不诚实、懒惰，而且还会在周五的时候打劫走在回家路上的同事，或者等在工厂大门外伏击他们，将他们的辛劳所得据为己有，我们权且称他们为小人。①

刚开始的时候，小人们似乎得手了：至少在短期内，他们的恶行换来了回报。好人们打卡上班，维持群体的运转，小人们却得到双重好处。他们不仅充分享受着繁荣社会的悠闲生活，并且打劫同事还让他们不劳而获。

行得通的话，这样生活似乎也不错。

但是，这种行为模式一直持续下去会怎样？好人开始变得疲乏，进而病倒。然而他们的收入并不足以供他们自由支配并照顾自己。好人开始慢慢消亡，随之而来的是"劳动"人群结构的逐渐改变，小人所占的比例越来越大。

显然，这并不是小人们希望看到的情况。一周又一周，好人的数量越来越少，小人偷小人的可能性越来越大。小人遇到好人的次数屈指可数，并且就算遇到，也很可能毫无收获——其他小人比他先一步下手。如果这个游戏一直玩下去，其动力平衡就会兜一个圈子，回到最初，钟摆又会摇摆到有利于好人的一边，社会也会恢复到以工作为生的状态。历史就是这样，不断重演。

---

① 同样的情况也存在于蜜蜂界。在饥荒时代，所谓的盗蜂会袭击其他蜂巢，杀死工蜂，在某些情况下，还会杀死蜂王，以夺取需要的蜂蜜。蜜蜂们会指定守卫蜂，在蜂巢入口处把守，防卫入侵者的侵袭。不过，英国的萨塞克斯大学和巴西的圣保罗大学的研究者成立的联合小组发现了世界上第一只"兵蜂"。"兵蜂"是雅塔伊蜜蜂的一个次等种群（新热无刺蜂亚属），与一般的守卫蜂不同，它们天生的职责就是保护蜂巢。它们的体重比一般工蜂重30%，腿更大，头更小。也许我们更应该称它们为"防爆蜜蜂"。

只有当经济衰退时，好人才会起决定性作用。只要好人能让小人免于破产，那么小人也会努力维持局面。繁荣与衰退就这样循环往复，像不停旋转的木马。

退一步说，对这两种截然不同的职业道德的简短刻画，是将一系列极为复杂的动态过程简化了。然而，正是这种简化和行为上的两极化，赋予了这种模式以力量。**在社会分工精细而各行各业又相互联系的复杂社会结构中，纯粹的无条件的暴力行为和纯粹的无条件的妥协行为都注定会以失败告终。**从本质上说，在不断变化的拉锯效应中，一旦一方占上风，那么其每一种策略都很容易被另一方所利用——直到这种策略的支持者不断壮大，壮大到能够依靠竞争策略存活下去。借用社会生物学中的一个词来说：所谓生存策略，不论是绝对的合作还是绝对的竞争，都不能形成进化稳定模式，它们都可能因为遭遇相应的对策或突发情况而失败。

我们能对这个迭代过程的实际运行，也就是囚徒困境的动态演变进行观察吗？毕竟这一切都属于思想实验的范畴。这些抽象的假设会出现在我们的现实生活中吗？这要看我们如何理解"现实"这个词。如果我们把"虚拟"也纳入"现实"之内，那么我们很幸运，确实如此，假设会在现实中出现。

一报还一报

我给你一个获得五百英镑的机会，但你需要按照我所说的去做：脱掉所有衣服，一丝不挂地走进酒吧，与一群朋友聚会。你必须在桌子旁坐下，然后与他们交谈五分钟（也就是说一分钟可以得到一百英镑），在这段时间里，你会感受到社交尴尬带来的全部压力，会感到无比痛苦，毋庸置疑，其中可能还伴随着各种风险。不过五分钟过去，你就可以毫发无损地离开酒吧。我保证，不论是你，还是在场的任何人，都不会记得这件事。我会把一切都抹去的。除了放在你口袋里的一沓崭新的纸币可以让你随心所欲地花销以外，就像什么事都不曾发生。你愿意吗？事实上，你怎么知道你以前就没有做过这样的事呢？

异类的天赋
天才、疯子和内向人格的
成功密码

The Wisdom
of Psychopaths

078

　　我敢保证，肯定有人会以科技进步为由而欣然宽衣解带。如果在某个时间、某个地方，我们能够以某种特定的方式如过客般出入一个密闭的世界，停留在那个世界里的时间，我们按小时付费，以获取有别于现实生活的体验，那将多么自由自在啊！而这正是《黑客帝国》的主题：人类栖居在一个虚拟世界里，这个虚拟世界有时候真实得让人不得不信以为真。但是反过来，如果电脑制作的虚拟世界栖居在人类世界里，又会怎么样呢？

　　20世纪70年代末期，政治学家罗伯特·阿克塞尔罗德（Robert Axelrod）提出了这个与囚徒困境有关的问题，并最终想出了将这种模式数字化和确定策略的方法。他们随着时间的推移和反复不断的交互作用，进而设定了满足进化稳定性所需的所有标准，最终排列出了日常生活中社会交换的基因序列。

　　首先，阿克塞尔罗德邀请了多位世界领先的博弈论学者，向他们咨询对举行囚徒困境锦标赛的意见，这次比赛的唯一参赛者就是计算机程序。然后，他要求每位学者提交一个程序参加比赛，这个程序包括一套预先设定的合作和竞争反应策略。收到所有的参赛程序后（一共有14个），他进行了初赛，让每一个程序都分别与其他程序进行比赛，胜者得分。他将每个程序所累计的分数相加求和，然后比赛的序幕拉开了。程序的比例数值代表在上一轮中的累计得分情况，这一点正好与自然选择中受到的限制一致。然后他坐下来，对结果进行观察。

　　结果一目了然。到目前为止，最成功的程序也是最简单的程序。"一报还一报"（TIT FOR TAT）程序是由出生于俄罗斯的数学家兼生物学家阿纳托尔·拉波波特（Anatol Rapoport）设计的，他在社会互动和系统论方面做出了开创性贡献。正如事实所显示的那样，无论是在实验室里，还是在政治舞台上，其成果都在解决冲突和裁军事务方面发挥着全面性的作用。"一报还一报"程序以合作开始，然后需要准确反映对手的最后反应。比如在实验一中，如果开始时对手采取合作策略，那么"一报还一报"的策略就将持续下去。相反，如果对方的程序展开竞争，那么在后续实验里，它就会自食其果……直到它改变策略，开始合作。

实验证明，"一报还一报"程序具有完美的实用性和富有弹性的优异表现。随便一个普通人都能看出个中缘由。在没有组织管理和突触感应的情况下，它奇异而又惊人地向人们展示：**正是感恩、愤怒和宽恕的基本特性让我们成为我们今天的样子。**采取合作的态度，对方也会与你合作，从而使整个集体获利。而与对方竞争，他就会与你干戈相向，让你知道他不是好欺负的。在充满敌意的氛围中，双方又会逐渐放弃相互指责，转而相互利用。这样，那些可能造成持久破坏性的竞争就被扼杀在摇篮之中。这与进化论中老生常谈的群体选择——有利于群体的特性会被保存在个体中——没有关系。如果说阿克塞尔罗德的实验还告诉了我们什么，那就是利他主义是构成群体凝聚力的基本要素，它必然会引起一些更高层面上的差异，例如它有利于种族甚至整个部落，但是个体之间还是存在着生存差异的。

这样看来，宏观的和谐和微观的个人主义就组成了"进化"这枚硬币的两面。神秘主义者的言论已经过时。"施"并不比"受"更高尚，施予反而就是得到。

并且，也没有什么"良药"能够挽回"付出"这一道德标杆的江湖地位。

与之前的好人和小人的例子不同的是，一旦拉锯效应中的一方取得一定优势，就会出现一个"临界点"，"一报还一报"策略就会不断地持续下去。随着时间的流逝，它能够将竞争策略永远地从这个领域中剔除出去。获胜只是第一步。"一报还一报"不只是赢家，一旦继续下去，它将所向披靡。

两全其美

阿克塞尔罗德的研究，不仅在生物学界，而且在哲学界，都让人们大感惊讶。如果说"善"是自然之道，是实现社会互动的必备条件，那么善也就是打入正邪世界的一个棋子。如果我们所谓的"善"并不是出于友善而仅仅出于本性，那又会怎样？

这种令人生厌的理论早已出现。大约在阿克塞尔罗德进行实验10年之

异类的天赋
天才、疯子和内向人格的
成功密码

The Wisdom
of Psychopaths

080

前，哈佛大学年轻的生物学家罗伯特·特里弗斯就颇有预见性地推测，或许正是由于这个原因，人类的某些特征优先得到了进化：当意识得到情感上的肯定，也就得到了这样一个简单而充满智慧的蓝图，而"一报还一报"不过是个简洁的数学术语。毫无疑问，在我们对这个术语进行深入了解之前，它不过栖身于低等动物之列。特里弗斯沉思道，也许正是由于这个原因，在漫长的进化过程中，我们才第一次感受到友谊和敌意、喜爱和讨厌、信任和背叛，也让我们在数百万年后，成为今天这个样子。

17世纪的英国哲学家托马斯·霍布斯可以说已经证实了这一点。他在《利维坦》一书中提出了"暴力和欺诈"的概念，准确地预见了这种观念：暴力和欺诈是造成这种结果最基本的、唯一的因素，而"持久的恐惧感和暴毙的危险，人这一生中的孤独、穷困、肮脏、残忍而短促"的唯一镇痛剂就是"达成共识"，也就是与其他人团结起来。

诚然，阿克塞尔罗德比赛中出现的情况反映了人类和前人类的进化过程。"个体"经过了几十轮有规律的交互作用，那么这种情形与早期群体的真实情况非常接近。同样，每个程序都被赋予了这样一种能力：不仅要记住此前的遭遇，还要相应地对自身的行为进行调整。所以说这个观念和这种道德进化的理论都很有趣。不仅如此，根据阿克塞尔罗德的实验结果，还存在一种非常大的可能性："适者生存"并不像之前人们认为的那样，是不加选择地鼓励竞争，它是有选择性的。在某些情况下，它确实可能敞开暴力行为的大门（你可能会想起吉姆和巴兹）。然而在其他情况下，它更有可能关上这扇大门，比如在好人和小人的例子中出现的情况。

现在看来，关于精神病态者的说法只对了一半。残酷无情与野蛮确实存在，"适者生存"也确实是自然法则，但这并不意味着唯有做到残酷与野蛮方能立足于世。实际上，**尽管自古以来自然界与人类社会都存在着诸多杀戮与伤害，但妥协才是真正掌控地球的生存法则**。两千多年前，孔子就教导我们："己所不欲，勿施于人。"直到今天，多亏了罗伯特·阿克塞尔罗德和阿纳托尔·拉波波特，我们才最终用数学方法证实了这一点。

当然，我们每个人都有一些精神病态特征，这是独立于数学平衡之外的一种生物谱系属性，这一点毫无疑问。因为多年以来，我们的造物主通过自然选择赋予了精神病态者一个进化庇护所。当然，按照达尔文的进化论，好人和小人的道德品性可能一直都是一成不变的，但如果每个人都将各自的道德打倒在地，最终人类也将不复存在。同样，在我们的日常生活中，有时候我们都需要增强道德感。从理性的角度来说，出于自我保护的目的，我们也需要冷静地"选择我们的立场"。

我们再来回顾一下阿克塞尔罗德的虚拟竞赛。"一报还一报"在无休无止、永不停歇的洪流中被保留下来，形成了一种稳固的机制，原因是在微笑的外表下潜伏着一颗钢铁般的心。如果形势需要，它绝对会毫不迟疑地补上一脚。而在实际中则正好相反。一有机会，它就会将分数拉平。"一报还一报"起作用的秘诀在于，冷酷无情的黑暗面与它默认的光明面同样多；一旦情况有变，它就能迅速行动，将黑暗和光明融合在一起。

这种结论很明显，虽然也可能令人感到不安。"一报还一报"这个成功的蓝图中当然还包括精神病态的成分。一方面，他们魅力十足，另一方面，他们也会进行无情报复，而后还自信十足，并且能恢复常态，就像什么事都没有发生过一样。可以看出，这个程序中没有洛克组织的特点。但是在这种互相转换和突触反应的无情挣扎间，却荡漾着贪婪的回声。温言在口，大棒在手，正是如此。如果你想在虚拟世界和现实世界里继续生存下去，这倒是个金玉良言。回到我们刚才提到的问题，这也就是为什么精神病态者依然行走在地球上，并没有因为可能对基因库构成威胁而随着致命的进化论的洪流销声匿迹。

这个社会永远需要冒险家，正如永远有敢于打破常规的人和伤心欲绝的人。如果没有他们，10岁男孩掉进池塘溺亡的情况就会随处可见。在海上的情况又会怎样呢？如果大副和一等水兵没有鼓足勇气做这种不可思议的事，那么，1841年那个毁灭性的夜晚，在风暴肆虐的北大西洋上，在距离纽芬兰250英里的冰冷海面上，"威廉·布朗"号惨剧中还有没有幸存者就不得而知了。

Four

第四章

疯子们的智慧

Just because I don't care doesn't mean I don't understand.
我只是不在乎，并不意味着我不懂。
——霍尔默·辛普森（Homer Simpson）

异类的天赋
天才、疯子和内向人格的
成功密码

The Wisdom
of Psychopaths

084

我的好朋友不太正常

我最好的朋友是个精神病态者，我们是在幼儿园的时候认识的。我清楚地记得，一个老师把我带到沙堆旁，把我介绍给了这个金发碧眼的小胖墩，当时他正在玩一个智力游戏，就是把特定形状的物体插入对应的洞里。我二话不说，抓起一个星形物就拼命往洞里塞，但无论怎么用力也塞不进去，而且还卡住了。现在我才知道，那个洞是该放鹦鹉的。但约翰尼大约只花了20秒钟，就轻轻松松地把它搞定了。然后他混账地用手指戳我的眼睛。坦率地讲，对于幼年时期的我来说，这种攻击行为来得让人害怕又莫名其妙，然而它却将我们的友谊推向了巅峰。

光阴荏苒，大约10年后，我和约翰尼一起上了中学。课间休息的时候，他来到我旁边，问我他可不可以借一下我的历史试卷，他的"落在家里了"，而下一节课就是历史课。

"别担心，"约翰尼说，"现在还不能告诉你我有什么法子，不过我保证会做得神不知鬼不觉。"

我把试卷给了他，又在上课前抓住了他。"约翰尼，我的试卷呢？"我低声问他。

约翰尼摇了摇头，说："不好意思，我也没办法。"

我开始害怕起来。这位历史老师可不是好糊弄的，没有试卷就意味着没有成绩，并且还会遭到课后留校的处罚。

"'没办法'是什么意思？"我倒吸一口气，"你把我的试卷弄哪儿去啦？"

约翰尼泰然自若，就像在讲一个睡前故事一样地跟我周旋，但他还是说漏嘴了。"好吧，凯文，是这样的，"他解释说，"你也知道，我没有时间重写一遍了，我刚才也说过了。所以我一字不差地照抄了一遍。"

"可是，"我尖叫起来，"我也没法跟老师交代我的试卷到底去哪儿了啊！"这时历史老师大踏步地走进了教室，他可是同学眼中出了名的希特勒式的人物。

约翰尼看着我，好像我完完全全是个疯子似的。"可是我们俩总不能交一模一样的试卷吧。"他说。

"废话！"我大声喊道，很显然我还没有理解他的意思，"当然不能！可是我卷子到底在哪儿？"

约翰尼耸了耸肩，拿出"他的"试卷，等着交卷。

"在垃圾桶里，"他漫不经心地说，"音乐大楼后面。"

我本能地从椅子上一跃而起，也许在正式上课前我还有时间把试卷拿回来。

"你这个混蛋，"我在心里骂道，"我真他妈想杀了你！"

约翰尼一把抓住我的胳膊，拽住我的衣袖把我拉了回来。"看看，"他指着窗外，带着关心的语气说，"雨下得正大呢，你会被淋湿的。你不想得个什么病，结果错失下周打破学校一英里记录的机会吧？"

约翰尼的语调里没有一丝戏谑。根据我对他的了解，我知道他以为自己是真心实意地为我好。虽然我怒不可遏，可我还是认同他的话。这个王八蛋说得对。那个记录从60年代保留至今，屹立不倒。我的训练进行得也很顺利。在最后一刻犯糊涂，让这么久以来的辛勤付出毁于一旦，实在是不划算。

我退回到座位上，只能听天由命了。

"好小子，"约翰尼说，"不管怎么说，那不过是一张试卷。人生短暂啊。"

我没有听他废话。我绞尽脑汁，想编造出一个合理的理由，解释为什么

异类的天赋
天才、疯子和内向人格的
成功密码

The Wisdom
of Psychopaths

086

自己没能交上试卷。如果大雨造成的损坏不那么大，我可以把试卷烘干，不行的话，我可以抄写一遍，稍后再交上去。

我没有多少时间来编造借口。"死神"已经开始巡视了，他就在我们前面几排的座位前，一步步地向我走近。

约翰尼双手捧起他要上交的试卷，带着欣赏的表情看了一眼，然后拍拍我的背，瞥了一眼窗外的雨，皱了皱眉头。

"还有，"他补充说，"凯文，反正来不及了。我觉得我还是应该把刚才的话说得详细点。剩下的试卷确实是在垃圾桶里，不过我把它烧掉了，伙计。"

你可能很想知道，这么多年以来，我到底为什么还要跟约翰尼做朋友。我有时候也会问自己同样的问题。可是，不要忘了，约翰尼是个精神病态者。[①]约翰尼的一个长处就是，他几乎可以把任何情况都变得有利于他自己，这一点在跟他一样拥有高智商的人群中并不罕见。他是我认识的人中最有说服力的一个，一些世界顶尖的骗子也是如此。不仅如此，他还是个有着非凡说服力的神童。

当时我们五六岁，约翰尼的家人要去加拿大参加一个葬礼。约翰尼留下来了，在我家过年。到了九点的时候，我的父母对我们说："该上床睡觉了。"跟所有已经有自尊心的六岁孩子一样，我并没有乖乖去睡觉。

"不，妈妈，"我哀求道，"我和约翰尼还不想睡觉，我们想玩到午夜。求求你……"

妈妈显然不吃这一套。即便这样，我还是找出各式各样的理由来缓和气氛，其中包括我们的朋友们都可以在新年前夜玩到很晚等。而约翰尼则一言不发。我能想象到，他就坐在那里，听任这一幕上演。他把什么都听在心里，就像个高级辩护律师等待着反戈一击的时刻一样。

最后，妈妈受不了了。"快点！"她说，"就这样了！睡晚了，你又暴

[①] 上大学以后，我给约翰尼进行了《精神病态特质量表》测试，之前的章节讲到过，这个问卷，用于对普通大众的精神病态属性进行评估。不出所料，约翰尼的分数非常之高，尤其是在不择手段地以自我为中心、随心所欲、社会效能、对压力的免疫力、无畏和无情上（也就是构成问卷的八个小项中的六项，另外两项是推卸责任和鲁莽冲动）得分甚高。

躁发脾气，赖到中午才肯起床。"

我心不甘情不愿，感到很沮丧，最后打算缴械投降。我又看了一眼对面的约翰尼。游戏结束了。该道晚安了。但是接下来的事谁都没有想到。这正是进行雄辩的最佳时机。正当我拱手认输，向楼上走去的时候，约翰尼打破了安静。

"达顿夫人，"他说，"您不希望明天一大早我们就四处疯跑，您躺在床上头疼吧？"

那天晚上，我们一直玩到凌晨三点才上床睡觉。

"黑暗三性格"和詹姆斯·邦德心理学

在生活的每个转折点，约翰尼都有讨价还价的本事。不论在何种情况下，他都能随机应变、扭转局面，把事情导向有利于他的方向。他因此能够左右逢源，稳稳地立于不败之地。后来他加入了情报机构。

"不是只有金子才会发光，凯文，"他说，"泡沫也可以，你知道吗？我两者都是。这就要看我喜欢什么了。"要想挑剔他出众的洞察力并非易事。

后来，约翰尼在军情五处谋得了一份差事，我们一点也不意外。从各方面来说，不论在泰晤士大楼里做什么，他都能胜任。在一次聚会上，他的一个同事对我说，他冷静、有着超凡的魅力和魔鬼般的说服力，就算他用电话线套住你的脖子，你也会为他神魂颠倒，束手就擒的。

"他会用他身上的光环勒死你，"那个家伙说，"然后将一切都安置好，就像什么事都没发生过一样。"对于这一点，我也毫不怀疑。

说到这里，你可能想起了詹姆斯·邦德①，这是意料之中的事。不难想象，女王陛下情报部门里的这位知名雇员可能也是个精神病态者。在充满了

---

① 詹姆斯·邦德，一套小说和系列电影的主角。詹姆斯·邦德是英国情报机构军情六处的特工，代号007，被授权可以干掉任何妨碍自己行动的人。

异类的天赋
天才、疯子和内向人格的
成功密码

The Wisdom
of Psychopaths

088

密探、反侦察员和间谍的黑暗世界里，他随时可能与来自世界各地的低调而神秘的连环杀手正面交锋，他被允许可以干掉任何妨碍他行动的人。如果我们让詹姆斯·邦德做一下《精神病态特质量表》，相信他会在谱系中得到很高的分数。问题是这种推测有什么依据呢？推测是一方面，而看到幻想如何在现实中实现是另一方面的事。约翰尼也是个精神病态者，又碰巧在军事情报部门工作，这纯粹是巧合吗？

2010年，心理学家彼得·乔纳森（Peter Jonason）和他的同事发表了一篇名为《詹姆斯·邦德何许人也？间谍人际交往中的"黑暗三性格"》的论文，这篇论文显示，具有以下三种特别人格特质的男人能够在某种社会阶层中游刃有余：

> 高度自信、自恋；
> 精神病态式的无畏、冷酷、冲动和渴求刺激；
> 马基雅弗利主义①的欺诈和利用。

不仅如此，与在这些方面水平较低的男人相比，他们可能拥有更多的性伴侣，经历过更多短暂的风流韵事。乔纳森坚信，"黑暗三性格"在处理异性关系上并不存在障碍，恰恰相反，它更可能让女性心跳加快，并且由于提高了基因繁殖的可能性，它还代表着一种成功率更高的繁衍策略。

你只需迅速瞥一眼小报标题和八卦专栏，就会相信，这个理论也许是合乎逻辑的。实际上，这种说法很有可信度。不过乔纳森认为，最好的例子是詹姆斯·邦德。

"他确实招人喜欢，非常外向，喜欢尝试新鲜事物，"他说，"包括杀人和找女人。"

---

① 马基雅弗利（Machiavelli，1469—1527）是意大利政治家和历史学家，以主张为达目的可以不择手段而著称。马基雅弗利主义也因之成为权术和谋略的代名词。

乔纳森对200名大学生进行研究，让他们填写人格问卷表，以此对"黑暗三性格"的特征进行评定。研究问到了这些学生对两性关系，包括对露水情缘和一夜情的态度。结果不出所料，与得分较低的人相比，那些在"黑暗三性格"方面得分较高的人倾向于有更多的性行为，这就意味着这三种性格类型——自恋、精神病态和马基雅弗利主义——促进了"阿尔法男"[①]的交配策略，他们的目的就是最大限度地发挥其生殖潜能：

      1. 使尽可能多的女性怀孕；
      2. 在有人叫你爸爸前抽身离去。

这些年来，这一策略看起来进展顺利。否则，正如乔纳森所说，为什么带有这些特征的人还在四处游荡呢？[②]

精神病态者掌控世界

有趣的是，精神病态者的成功不仅体现在生殖能力上。进化心理学家[③]如彼得·乔纳森的研究结果证明在其他的生活领域，他们也获益匪浅。精神病态策略不仅让他们情场得意，而且在会议室里，他们同样能够如鱼得水。

2005年，由斯坦福大学、卡内基梅隆大学和艾奥瓦大学的心理学家和神

---

① 阿尔法男，指在群体中游刃有余、一切尽在掌握之中的"老大型"男性。压力巨大是"阿尔法男"短命的重要原因之一，但科学家也发现，压力有助于大脑的进化，"阿尔法男"的成功在某种程度上也是拜压力所赐。

② 虽然乔纳森也发现坏女孩更招男孩喜欢，但是男性的"黑暗三性格"属性与短暂恋情的数量之间的关系比女性的更密切。当然，坏男孩更能俘获女孩芳心的原因就另当别论了。精神病态与神经质性和焦虑的缺失有关，这很可能就抵消了因拒绝而产生的恐惧，产生了一种控制的氛围；自恋与自我推销和炫耀自身的成功有关；而马基雅弗利主义与社交中的操纵有关。在短期内，这三种属性会很好地结合在一起，给人一种冷静、自信而又极富魅力的印象，让人觉得这个人容易相处而又很有作为。然而从长期来看却并不是这样。

③ 进化心理学家试图从自然选择的功能性产物的角度对人类的特点和行为进行解释，例如人格和交配策略，这是因为在我们的祖先生活的时代，心理适应性能够解决出现的诸多问题。

异类的天赋
天才、疯子和内向人格的
成功密码

The Wisdom
of Psychopaths

090

经经济学家组成的一个联合研究小组，完美地证实了这一点。该研究包括一个20轮的赌博游戏。游戏参与者被分为三组：正常人，大脑中与情绪有关的区域（杏仁核、眼窝前额皮质、右侧岛叶和躯体感觉皮质）受过损伤的病人，大脑中与情绪无关的区域受过损伤的病人。研究人员分发给每个参与者20美元，每一轮游戏开始之初，研究人员都会让他们准备好以1美元做赌注，通过抛掷硬币定输赢。如果输了，就要被处罚1美元，如果赢了的话，这笔资金就会增加2.5美元。

聪明人不难看出取胜的法则。"从逻辑上来说，"斯坦福大学商学院市场营销学教授巴巴·希夫说，"参加者应该做的就是每轮都投钱。"

但是，正如政治活动家格洛丽亚·斯泰纳姆所说，逻辑往往只存在于逻辑学家眼里。

如果事实就像博弈论所预测的那样，你只要把油门踩到底就会有所斩获，而精神病态者会踩得更用力，那么随着游戏的发展，那些具有相应病症（情绪处理缺陷）的参与者就可以大捞一笔。他们应该胜过那些没有病症的人，也就是另外两组游戏的参与者。

这也正是研究取得成功的关键。随着游戏的进行，情绪功能正常的参与者开始拒绝下赌注，转而选择保守的方案：牢牢抓住他们赢得的钱。与此相反的是，其他参与者并没有像我们多数人一样牢牢抓住情感这条安全带，还在不停地下注，直到游戏结束，他们远比其他人获利更丰。

"这也许是第一个证明了在某种情况下，大脑受损的人能够做出比普通人更好的财务决策的研究。"卡内基梅隆大学经济学兼心理学教授乔治·列文斯坦说。

南加利福尼亚大学心理学兼神经科学教授安托万·贝沙拉更胜一筹。"研究需要确定在何种情况下情绪是有利的或具有破坏性，'在何种情况下'能够对人类的行为进行引导，"他指出，"最成功的股票经纪人很可能被称为'功能性精神病态者'，一方面，这些人更擅长控制自身的情绪，另一方面，他们感受不到与其他人同等程度的紧张。"

巴巴·希夫赞同这种观点。"很多首席执行官,"他颇为气馁地补充说,"还有很多顶级律师,很可能也具有这种特性。"

经济学家卡里·弗里德曼和他在加利福尼亚理工学院的同事进行的一项研究证实了这种说法。弗里德曼交给每个志愿者25美元,然后向他们提出多个棘手的理财问题。志愿者需要在很短的时间内做出决定,是稳扎稳打,接受稳定的收益,比如得到2美元,还是下赌注,承担风险,以此换取更大的收益——可能获得10美元,也可能失去5美元。谁会大捞一笔,谁又会破产?

这并不是随机选择的问题,结果显示,有一小部分志愿者远比其他人聪明,他们能够冒着风险不断做出最佳选择。这些人并不是什么金融奇才,也不是经济学家、数学家或世界级扑克大赛冠军。他们不过是携带了"斗士基因"——单胺氧化酶A基因L型变种(MAOA-L),这种基因之前被认为与危险的"精神病态"行为有关。

"与之前文献中的讨论完全不同的是,我们的研究结果显示,这些行为模式并不一定不好,"弗里德曼团队写道,"因为在做财务决策时,这些人只在有利可图的条件下才会做出冒险行为。"

弗里德曼对此进行了进一步的阐释。"如果两个赌徒在玩牌,其中一个下了很大的赌注。"他说,"看起来似乎他更暴力或冲动,但是你并不知道他手中的牌,他也许有更好的机会呢。"

另外,鲍勃·黑尔及其同事在2010年所做的调查研究也证实了这一点。黑尔向200多名美国企业高管分发了《病态人格检测表》,对企业高管与一般人群的精神病态特性进行了比较。企业高管们不仅在得分上遥遥领先,而且他们的精神病态与个人魅力和演讲方式正相关:他们拥有创造力、良好的战略思维能力和高超的沟通技巧。

随后证实这一点的还有贝琳达·博德和凯塔琳娜·弗里松进行的调查。博德和弗里松将公司首席执行官和布罗德莫尔精神病院(Broadmoor Hospital)——英国一家高安全级别的鉴定机构——的住院者的心理特征测试

异类的天赋
天才、疯子和内向人格的
成功密码

The Wisdom
of Psychopaths

092

结果进行比较。结果，在精神病态特征方面，首席执行官们胜出。要知道，布罗德莫尔精神病院里关押的可是英国最危险的犯人。

我对黑尔说，近年来，随着企业规模缩小、改组和并购，企业环境的变化实际上为精神病态者提供了更好的温床。而且，政治的动荡和不稳定性也为精神病态者的"培养"提供了一个非常好的环境，贸易与工业的自由空间也为其提供了良好的契机。他点头表示赞同。

"我一直认为，如果我不在监狱里研究精神病态者，我就一定会到股票交易市场上去研究的，"他兴奋地说道，"毫无疑问，在商界名流大腕中，精神病态的比例远远高于一般人群。你在任何组织中都能找到他们的身影，在那里，他们有相应的地位和身份，有控制他人的权力，还有获得物质财富的机会。"

与他共同撰写企业中的精神病态人格相关论文的合著者、纽约工业与组织心理学家保罗·巴比亚克对此表示赞同。

"精神病态者在处理突发情况方面几乎毫无困难。事实上，他们在这方面游刃有余，"他解释说，"组织内部的混乱既为精神病态者寻求刺激这一特性提供了条件，又为其强烈的控制欲和滥用行为提供了足够的庇护。"

颇具讽刺意味的是，那些敢于打破常规、热衷冒险和寻求刺激的人决定着世界经济的发展趋势，他们与废墟上的崛起者拥有完全相同的个性。正如弗兰克·阿巴内尔所说，他们是掉进奶油里的老鼠，通过不断抗争，最终将奶油搅拌成了黄油。

魔鬼就藏在细节里

巴比亚克和黑尔的说法，与博德和弗里松的一样，从本质上来说，都是从人口统计学和社会学的角度，为精神病态提供了研究素材。这里又将更多从实际中得来的观察结果放在一起进行比较，例如神经经济学家巴巴·希夫和他的合作者——提出"黑暗三性格"的彼得·乔纳森，还有坚持数学方法的博弈论学者安德鲁·科尔曼，他们都明确证实，在这个社会里，确实有精神病态者的一席之地。

这些研究在某种程度上解释了为什么精神病态者能在社会中长期存在，他们黑暗且永恒不变的基因流势不可当。社会中存在着这样的职位和工作——人们可以利用自己本性中的竞争性、残酷或冷漠的强制性，在职场中获得自己想要的。他们那些精神病态特征都躺在光鲜的神经文件夹里待价而沽。他们与生俱来的压力和危险，回报他们以地位和声誉，而且这类职业还常常伴随着更多的财富。正如彼得·乔纳森所说，坏男孩似乎对某一类女孩有一套，无怪乎他们的基因会四处散播。你可能会说，从生物学的角度来说，他们增加了自身的筹码。

当然，诸如魅力超凡和处变不惊之类的特征，都可以在那些善于利用社会的人身上找到，例如世界顶尖的行骗高手。当这些特征与欺诈这种天分结合在一起时，结果就有可能是毁灭性的。以格雷格·莫兰特为例。莫兰特是美国最成功和最令人难以捉摸的骗子之一。说到精神病态，他是我见过的最富有魅力、也最冷酷的五个人之一。我在新奥尔良的一家五星级宾馆的酒吧里遇见了他。他买了一瓶400美元的水晶香槟以后，才把我的钱包还给我。

"对骗子来说，最重要的一点是要有极强的判断力，他能够准确地探测出别人的弱点。"莫兰特解释道。他的这番话不禁让我回想起心理学家安杰拉·布克。本书的第一章讲述了布克的发现，与非精神病态者相比，在实施暴力前，精神病态者仅仅凭借走路的姿势，就能识别出受害者。"你遇到的大多数人，他们在与你交谈时都不会留意自己说的话。话一说出口，他们就忘了。但是如果你是骗子，你会留意他们说的每一句话。就像在开药方之前医生需要了解病人的身体状况一样，你要想欺骗某个人，就得先了解这个人。通过各种小细节去了解，**魔鬼就藏在细节里**。一开始你可以先谈谈你自己，一个称职的骗子要会讲故事。然后迅速而自然地变换话题，打断刚才滔滔不绝的交谈。那么十个人中有九个都会把他们刚才说的话忘得一干二净。

异类的天赋

天才、疯子和内向人格的
成功密码

The Wisdom
of Psychopaths

094

"这样你就可以开始了——不是现在开始，而是一两个月以后，你得耐心点。不管他们跟你说过什么，你都可以随便编造，找准重点，改点什么内容，然后就像是在讲你自己的故事一样讲给他们听。然后，你想要什么，就都可以随心所欲地拿走了。

"我给你举个例子。有一个有钱又成功的家伙，是个CEO，他工作卖力得像头牛。小时候，他有一次放学回家发现自己收藏的唱片不见了。他老爸是个无赖，把他的唱片卖了买酒喝。这些唱片他可是收集了好多年呢。

"我知道他为什么那么拼命地工作了。是因为他老爸。他很害怕。这些年来其实他的生活一直停滞不前。他其实不是什么首席执行官，而只是那个受了惊吓的小孩，那个某一天放学回家发现收藏的唱片不见了的孩子。

"猜猜发生了什么事？几个星期后，我告诉他发生在我自己身上的事。一天夜里我回到家发现我的妻子和老板在床上，之后我妻子申请离婚，将我扫地出门。"

莫兰特停了下来，给我们的杯子里添了点香槟。

"我其实完全是在胡说八道！"他笑了起来，"你知道结果怎么样吗？我帮了那个家伙一把，把他从痛苦中解救出来了。有句话怎么说来着——克服恐惧最好的办法就是面对它们。嗯，总得有人当这个老爸吧。"

莫兰特的话让人不寒而栗。对于我们在新奥尔良的会面以及我当时的感觉，我至今记忆犹新。那些话离经叛道，让人心生恐惧，但又非常吸引人，就跟第一章里里德·梅洛伊采访那些临床医生和刑事审判人员的感觉一样。对于我正在打交道的那类人，我几乎不抱任何幻想，虽然他的派头就像是个拥有自驾游艇的百万富翁。那时的他踌躇满志，不过他是个精神病态者，一个具有掠夺性的社交变色龙。在香槟的流动中，南方黄昏时柔和的天光映照在他的劳力士手表上，熠熠生辉。他会毫不费力地一点一点入侵你的大脑，而你还被蒙在鼓里。

然而，作为一名心理学家，我从莫兰特的话里发现了一种简单而无情的真理。他的做法符合严格的科学原理。调查显示，**让其他人开口最好的办法之一**

就是谈论你自己，自我表露是相互的。研究还显示，如果你不希望别人想起什
么事，就要分散他的注意力。总而言之，行动要迅速。^①在临床心理学中几乎每
一次进行治疗性干预时，都会有一个临界点，临床医学家往往在此有所收获：
在一段时间内，通过一个固定的时刻或事件，你就可以揭开潜在的问题，或者
将其封藏。这种做法并不适用于功能性障碍。核心的人格结构、交际风格、个人
价值，所有这一切往往都能够在人们的生活中得到最好的体现。

"当你与人交谈时，你总是会对那些看似无关紧要的细节保持警惕。"
诺丁汉大学心理学教授斯蒂芬·约瑟夫说，"比如，10年前因为账户问题，
你与布莱恩的矛盾在办公室里一触即发；老师说你迟到了，不能参加考试；
或者你做了所有的工作，那个默默无闻的人却来享受成果；你要找的是针，
而不是稻草……生活的弹片都深深地埋在大脑里。"

你做了所有的工作，而别人来享受成果？没门！

谎言背后的真相

如果说与我交谈的那名英国国土安全部高级官员的观点颇有几分道理，
那么行骗高手和间谍不过是同一枚硬币的两面罢了。她还指出，这还要看他
们冒充别人的能力、思维敏捷的程度和迅速识别圈套的水平。

2011年，新墨西哥大学的心理学博士后埃亚尔·阿哈罗尼提出了一个从
未有人提过的问题：如果在某些条件下，精神病态是有益的，那么它能够让
人成为一名更成功的罪犯吗？为此，他向全州多家中等安全级别监狱里的囚
犯发出了300多份调查表。通过对每名囚犯实施的犯罪行为的总量与他们未被

---

① 早在20世纪50年代，美国研究记忆的专家约翰·布朗、劳埃德和玛格丽特·彼得森夫妇就进行了多个研
究，他们让参与者记忆多组字母，同时用数字来让他们分心。例如，先让测试对象记住一个三个字母的音
节，然后很快地给他们一个随机的三位数字，比如806，并让他们以三位为单位递减往前数。然后，在一定
的时间间隔后，让他们回忆之前的那些字母。向一个对照组展示这些字母，不让他们受任何干扰。没有受
到干扰的那组更容易回忆起向他们展示的那些字母。实际上，对于受到干扰的那一组来说，18秒以后记忆
就完全消除了。

异类的天赋
天才、疯子和内向人格的
成功密码

The Wisdom
of Psychopaths

096

定罪的案件数量进行比较，计算他们的"犯罪能力"。例如，10次犯罪行为中有7次未被定罪，那么成功率为70%。调查结果非常有意思：精神病态确实能提高犯罪成功率。但存在着一个极限。重度精神病态（各项精神病态特征都趋向极致）与极低水平的精神病态成功率都低，而中等水平的精神病态成功率格外高。

至于精神病态如何让犯罪更成功还存在争议。一方面，精神病态者是能够在压力之下保持冷静的高手，这就很可能为他们驾车逃跑或者在会面室里掌控局面取得优势；另一方面，他们非常冷酷，可能会威胁目击者不得做证。不过同样是冷酷和无畏，与间谍和骗子之类不同的是，精神病态者还拥有另一种更为完善的人格优势。**与世界顶级的扑克玩家完全相同，赌注的风险很高、无路可退时，他们比其他人更善于控制自己的情绪**，这就不仅为他们在法庭外取得一定的优势，比如实施穷凶极恶的方案和行动，而且在法庭上也是如此。

截至2011年，这类证据多数都是间接的。赫尔辛基大学的心理学家赫莉娜·哈卡宁–尼霍姆与鲍勃·黑尔合作发现，有精神病态的罪犯比没有精神病态的罪犯在表示悔恨时更可信——出现这种情况很奇怪，因为他们自身并没有办法感觉到这一点。我们可以快速浏览一下得出这种结论的具体环境：出庭时，宣判前；出庭时，上诉前；假释委员会的心理学家和监狱长在出席听证会前——这些引起了心理学家斯蒂芬·波特的怀疑。这属于"情感真实性"问题。波特想知道，比起感到悔恨，精神病态者是不是更擅长假装悔恨？

波特和他的同事设计了一个颇具独创性的实验。他们给志愿者看了一系列能够引发多种情绪的图像，观察他们的反应，判定他们的表情是发自内心的还是装出来的。当参与者看着这些引发情绪的图片时，他们用一台录像机以30帧/秒的速度记录下他们的"微表情"——这种真实、纯粹的情绪反应稍纵即逝，多数人用肉眼无法及时看到，而这种技术却能将这种刻意隐藏的表情呈现出来（见图4.1）。

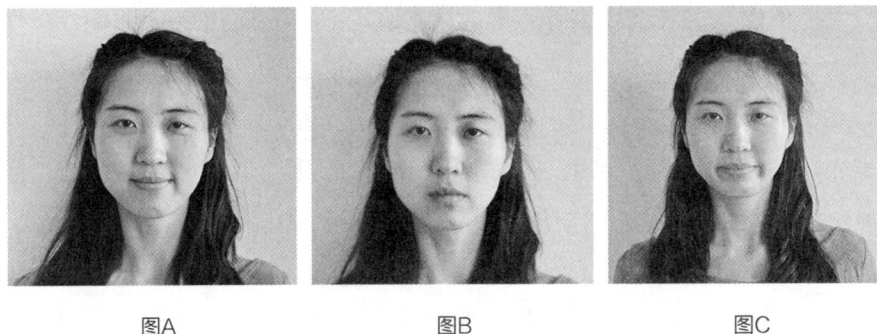

图A   图B   图C

图4.1　微表情

图A显示的是真实的笑容。图C显示的是虚假的笑容，其中流露出悲伤的痕迹（眉毛、眼睑和嘴角位置较低）。图B则是中性的表情。即便是这种转瞬即逝的变化也能够改变整个面部表情。

　　波特想知道，呈现出较高水平的精神病态参与者是不是比那些精神病态水平较低的参与者更擅长掩饰真实情感。实验结果证实了他的设想。有无精神病态特征可以预示其做出虚假表情的逼真程度。当向精神病态者展示表示高兴表情的图像而让他们假装悲伤，或向他们展示表示悲伤表情的图像而让他们假装高兴时，他们表现得远比非精神病态者更令人信服。[①]不仅如此，他们的表现与在情商测试中获得高分的志愿者一样好。就像有人说的那样，如果你能够假装真诚，那么你就是真诚的。

　　认知神经科学家艾哈迈德·卡里姆进一步借助电磁的神奇功能，大幅度提高了骗子和间谍的职业发展前景。卡里姆和他德国图宾根大学的团队能让你说谎说得更高明。在一个实验中，志愿者们玩了一个游戏：从一间办公室里偷钱，然后由一个扮演警探的调查者对他们进行询问。为了激励他们努力欺骗警探，游戏规定充当小偷的志愿者如果成功了，就可以拿走所偷的钱。卡里姆发现，当一种被称为经颅磁刺激的技术作用于大脑中与道德抉择相关的前额叶皮层时，参与者的撒谎商数（Lie Q）就能够提高。也就是说他们的谎言商数更高。

---

① 有趣的是，波特的一名学生萨布丽娜·德梅特里夫还发现，精神病态者在破译微表情方面也胜过其他人。

异类的天赋
天才、疯子和内向人格的
成功密码

The Wisdom
of Psychopaths

098

至于为什么会出现这种情况暂时还不清楚，研究者正在对其可能性进行研究。其中一种可能性是经颅磁刺激对前额叶皮层产生了抑制作用，限制了神经禁区对意识的反应，这就使说谎者免于受到道德冲突的干扰。这种假设与对精神病态者的研究结果一致。例如，我们通过之前的研究可以知道，精神病态者的前额叶皮层的灰质减少了，而且最近由迈克尔·克雷格和他位于伦敦的精神病学研究所（Institute of Psychiatry）的同事们采用扩散张量成像（Diffusion Tensor Imaging，简称DTI）[①]所做的分析结果，也显示出了钩束[②]完整性下降：轴突束（一种神经导管）与前额叶皮层和杏仁核的连通性降低。

换句话说，精神病态者不仅天生不诚实，而且他们感受到"道德痛苦"的时间也比其他人少得多。在不得不做决定的紧要关头，拥有这样的特质也许并不是坏事。

瞬间的冷静

当然，不仅仅是骗子从道德缺失中受益。除了赌场和法庭，"违反道德"而捞到好处的事在各行各业中都随处可见。以下是1962年的电影《战火佳人》（*The War Lover*）中的一段对话：

中尉林奇：现在，说说里克森吧。我们永远都猜不透他接下来又会玩什么把戏。我们能扛得住这种飞行员的折腾吗？我们能不要他吗？医生，你有什么意见？

---

① 扩散张量成像（DTI）追踪大脑中水分子的运动情况。与多数其他类型的组织一样，在多数脑组织中，水分子的扩散是多向的。然而，在白质纤维束，即在大脑的不同区域传导电脉冲的纤维束中，水分子大多定向地沿着轴突的长度方向扩散，长而细的丝状体从每个神经元的基部向外伸出，绕过细胞体，通过受体细胞向突触传导电脉冲。轴突拥有一层由白色的含有脂肪的髓鞘组成的绝缘、"防水"的涂层——也正是这个涂层让白质呈现出白色，它们在厚度上也各不相同。所以，通过追踪水分子扩散的速度和方向，研究人员可以创造出轴突的"虚拟"图像，对这些白色髓鞘的涂层的厚度进行推断，并对其结构的完整性进行评估。

② 钩束：由大脑内的白质纤维束组成，是额叶眶面皮质和海马、杏仁核的联合纤维束。

上尉伍德曼：里克森处于英雄和精神病态者之间。

中尉林奇：你把他放在哪一边？

上尉伍德曼：时间会证明一切。我想也许我们是在玩火……不过这就是战争的本质。

《战火佳人》以二战为背景，主角名叫巴兹·里克森，是一个骄傲自大、勇敢无畏的B-17轰炸机飞行员，在空战方面具有非凡的天赋，他天性中的冷酷和无视道德等阴暗面在战争中发挥得淋漓尽致。有一次因为天气恶劣，他们的轰炸任务被迫中止，机组人员平日里恭维他艺高人胆大让他得意忘形，以致这次他不遵守返航命令，反而从云层中俯冲，将装载的致命武器投射了下去，最后导致另一个投弹手再也没能返回基地。里克森掠食的本能在战场上展露无遗。指挥官指派他去执行常规飞行任务——空投传单，他就让飞机在机场嗡鸣，以示抗议。上面的对话正是发生在这样的背景下，发生在他的领航员和航空军医之间。

正如上尉伍德曼所说，英雄和精神病态者仅一线之隔，而且这取决于谁在画这条线。

里克森这样的角色并不只存在于电影里。到目前为止，我已经对多名特种部队战士做过测试，他们所有的人在《精神病态特质量表》测试中的得分都很高。不过鉴于有些对常人来说骇人听闻的事他们都习以为常，所以得高分也是意料之中的事。其中一个战士轻描淡写地说："击毙本·拉登的那帮伙计不过是在玩周末的彩弹射击游戏。"

精神病态者在危险之下的冷静和专注在一项研究中得到了证实，该项研究是由洛杉矶的南加利福尼亚大学的心理学家兼神经系统科学家阿德里安·雷恩（Adrian Raine）和他的同事们进行的。雷恩将精神病态者和非精神病态者在一项简单的学习任务中的表现进行了对比。他发现，如果犯错就会遭受一下痛苦的电击，精神病态者掌握学习规则的速度就比非精神病态者慢。不过这只是其一。如果成功了不仅可以避免遭受电击，还能获得经济奖

异类的天赋
天才、疯子和内向人格的
成功密码

The Wisdom
of Psychopaths

100

励，情况就大不一样了。这一次，就是精神病态者领会得更快了。

结果显而易见。**如果能够"摆脱"某种境遇，获得奖励，精神病态者就会努力争取，而完全不管会有什么风险或负面影响。**他们不仅能够在受到威胁和遭遇困境时保持冷静，而且在不祥预感的阴影的笼罩之下，他们会变得像激光一样专注，会"倾尽全力"。

那么精神病态者像捕食者般连眼睛都不眨一下的专注在大脑中是如何映射的呢？范德比尔特大学的研究人员做了进一步的研究，从另一个完全不同的角度阐释了精神病态者的感觉，并为到底是什么激发了精神病态者打开了一个全新的视角。在研究的第一部分，志愿者们按照精神病态水平的高低被分为两组，研究人员分别向他们分发了一剂兴奋剂（也就是所谓的安非他明[①]），然后使用正电子发射断层扫描仪（PET）[②]仔细观察他们的大脑活动。

"我们的实验假设是，某些精神病态特征，比如冲动、被奖励激发和敢于冒险，与多巴胺[③]奖赏回路的功能不全有关，"该研究的首席作者乔舒亚·巴克霍尔兹说道，"而且由于多巴胺的过度反应，一旦精神病态者把注意力集中在获得奖励上，他们就无法转移注意力，直到得到他们追求的东西。"

此言不假。研究结果与这个假设一致。在对这种刺激做出反应时，呈现出较高水平的精神病态特征的志愿者所释放的多巴胺几乎是非精神病态志愿者的4倍。在实验的第二部分，研究人员对志愿者类似的大脑活动模式进行观察，他们告诉志愿者，完成一个简单的任务，他们就可以得到金钱奖赏。果不其然，功能性核磁共振成像显示，与非精神病态志愿者相比，具有较高水

---

① 安非他明是一种排解忧郁、疲劳的药，也叫"苯丙胺"。

② 当测试对象进行不同的活动、产生不同的想法或情绪时，正电子发射断层扫描仪（PET）使得研究人员能够获得大脑各个区域离散的神经化学活动的图像。它是通过向志愿者的血液中注入一种无害的、存在时间很短的放射性染剂，然后扫描染剂所释放的一种 γ 射线的运动路径得到的。

③ 多巴胺，一种神经传导物质，可影响人的情绪。

平的精神病态特征的志愿者的伏隔核，也就是大脑的多巴胺奖赏区域的活动明显更活跃。

研究人员通过对健康而极具创造性的人和精神分裂症患者大脑的多巴胺D2受体和发散性思维的测试研究，发现二者大脑中的多巴胺受体的密度比低创造能力的人低，这表明精神病与创造性之间存在一定的联系；另外，多巴胺受体基因同发散性思维能力、推理和认知能力有一定联系。

"长久以来就有这样一个传统，对精神病态的研究集中在对惩罚的敏感性和畏惧感的缺乏上，"该研究的合著者、心理学兼精神病学副教授戴维·萨尔德（David Zald）说道，"但是这些特征并不完全预示着暴力或犯罪行为……奖励、诱饵对这些人看似有很强的吸引力，它压倒了对受到惩罚的担心……并不是说他们没有意识到潜在的风险，而是对奖赏的期待或奖赏的刺激压倒了他们的那些担心。"

对此还存在着来自法律语言学方面的确凿证据。研究显示，一名犯人对自己罪行的表述取决于他是什么类型的犯人。康奈尔大学计算机和信息技术教授杰夫·汉考克（Jeff Hancock）和他在不列颠哥伦比亚大学的同行们，通过对14名患有精神病的男性犯人和38名非精神病男性犯人的资料进行对比，揭示了其中存在着的显著差异：这种差异不仅与情绪失常有关（精神病态者使用的与生理需求有关的词，比如食物、性或者金钱，是非精神病态者的两倍，而非精神病态者更强调社会需求，比如家庭、宗教信仰和精神追求），还与个人认为正当的理由有关。

通过计算机对录音的文字记录进行分析发现，精神病杀手在其证词中使用的连词更多，比如"因为""自从"和"所以"等，暗示着为了达到某个特定的目的，他们"必须实施"犯罪行为。令人不解的是，他们更倾向于描述谋杀案发生当天他们吃了些什么这类细节——这难道是原始的捕食者本性在作怪吗？

即便如此，这个结论却毋庸置疑。精神病态者为了得到奖励不惜付出任何代价，无视后果，把风险搁置在一边。这或许在一定程度上能够解释，为

异类的天赋
天才、疯子和内向人格的
成功密码

The Wisdom
of Psychopaths

102

什么与监狱中的囚犯相比，首席执行官们有着更明显的精神病特征。金钱、权力、地位和控制欲，这些都是公司董事所拥有的具有代表性的特征，它们本身都是让人孜孜以求的东西，都对企业界的精神病态者构成了一种不可抗拒的吸引力。因为在通往公司权力巅峰的阶梯上，他或她都是冒着这样那样的风险的。你可以回忆一下前文中鲍勃·黑尔颇具预言性的告诫："你在任何组织中都能找到他们的身影，在那里，他们有相应的地位和身份，有控制他人的权力，还有获得物质财富的机会。"

有时候他们也会做得很好，但有时候也会不可避免地做得不好。如果奖励的道德体系失控，那么可以预见的是，激情很快就会转变成冷淡。在你能够想到的几乎任何领域里，巴兹·里克森式的骄傲自大、勇敢无畏的人物随处可见。

至于里克森的结果，如果你还在惦记的话，告诉你，他死了。因为飞机坠落，他和飞机一起化作燃烧的火球，撞在多佛白崖（The White Cliffs of Dover）[1]上。

热读术[2]

传统上一般把精神病态者的无畏和专注归因于情绪处理缺陷，尤其是杏仁核的功能障碍。直到今天，这种观点还让研究人员相信，**精神病态者不仅不知道恐惧为何物，而且还不会"产生"共情**。但是2008年，雪莉·费克图和她在波士顿的贝斯以色列女执事医疗中心（Beth Israel Deaconess Medical Center）的同事做了一个研究，对这个问题做出了完全不同的阐释。研究显示，精神病态者不仅拥有认知情绪的能力，而且他们比所谓的正常人更精于此道。

费克图和她的同事们使用经颅磁刺激技术，对在《精神病态特质量表》

---

[1] 多佛白崖，位于英国英吉利海峡比奇角，是一片长达5公里的白色悬崖。悬崖的最高点达110米，由细粒石灰石组成。多佛白崖现在被认为是英格兰的象征，从欧洲大陆远眺英伦，最显眼的就是这片美丽的白崖。

[2] 热读术是事先对他人进行身份调查，获取户籍、职业等较容易取得的信息。

中得分高的志愿者大脑中的躯体感觉皮质（处理和调节生理感受的部位）进行刺激。此前有研究显示，在经颅磁刺激反应中，受测者在看到别人遭受痛苦时，他们身上与对方疼痛部位相同的部位的躯体感觉皮质区域的神经兴奋会减弱。这是一项高度专业化的工作。这种大脑结构有一个恰如其分的名字，叫镜像神经元。费克图猜测，如果精神病态者缺乏共情，那么，与那些精神病态水平较低的志愿者相比，精神病态水平较高的志愿者神经兴奋减弱的程度会降低。这一点与以下情形中出现的情况完全一致：与"正常人"相比，在旁人打哈欠时，精神病态者更不容易被传染上而跟着打。

　　然而研究人员陷入了一个巨大的困惑之中。令费克图和她的团队惊讶的是，实际的结果与他们的预期恰恰相反。在《精神病态特质量表》中得分高的志愿者，具体说来就是在"无情"一项上得分高的志愿者——"无情"这一特征与共情最接近——在经颅磁刺激反应中，他们神经兴奋减弱的程度更大。他们在认知他人的情绪方面并不存在障碍，甚至还拥有某种天分。问题不在于情绪认知本身，而在于感觉和情感之间的不相关性，也就是无法区分什么是情绪和这种情绪是一种什么样的感受。

　　心理学家阿比盖尔·贝尔德也有类似的发现。在一个使用功能性核磁共振成像的情感识别任务中，她发现，在一个根据面部表情识别情绪（与情绪处理中存在缺陷的情况一致）的实验中，在《精神病态特质量表》中得分高的志愿者与得分低的志愿者相比，杏仁核的活动会减缓，并且视觉和前额叶皮层背外侧区的活动性增强，这就暗示着"精神病态水平较高的参与者依赖于与感知和感觉相关的部位来完成情绪识别任务"。

　　一名精神病态者曾经这样对我说道："即使是色盲也知道在遇到红灯时停下来，你也许会感觉惊讶，但事实就是这样。"

　　或者正如霍尔默·辛普森之前提醒我们的：不在乎和不理解完全是两码事。

　　当然，精神病态者认知他人情绪的高超能力或许可以在一定程度上解释他们高超的说服力和操控本领。毋庸置疑，这一点与他们伪装自己的情绪的

异类的天赋
天才、疯子和内向人格的
成功密码

The Wisdom
of Psychopaths

104

高超能力一样。然而他们将"冷的"感官共情从"热的"情绪共情中分离出来的能力，还有其他优势，在一些场所中也得到了最明显的体现。执业者和主顾之间存在一定的情感疏离也是理所当然的，比如在医疗行业中。

英国一名顶级神经外科医生讲述他进入手术室前的感觉："做一个大手术之前我会不会紧张？不会，我不会紧张。不过跟其他所有的工作一样，你要让自己从精神上准备好。你需要集中注意力，对手头的工作保持专注。你必须做好。

"你几分钟以前提到了特种部队。实际上，外科医生的心态与一名战斗精英将要攻入一栋建筑物或攻打一架飞机时的心态类似。在这两种情况下，他们的工作都是'行动'。他们都必须'装备齐全'，戴上面具。当你第一次切开伤口时，多年的实践和训练都无法让你完全避免可能出现的不确定因素。与战斗中那令人兴奋的爆炸性突破的瞬间一模一样，当你填回病人的皮肤时会突然意识到……你成功了。

"爆头时的一毫米误差，与你在两条重要的血管间游走时造成的一毫米误差，有什么不同？在这两种情况下，你的手中都掌握着生死，你的决定事关生死或荣耀。做手术，可以毫不夸张地说，就是在刀尖上行走。"

这位朋友在《精神病态特质量表》中的得分远远高于平均水平。如果你因为这样一个人居然是世界顶级的神经外科医生大感惊讶的话，那就再想想吧——说不定你就会觉得这也很理所当然。中国台湾阳明大学的郑雅薇和她的同事对两个小组进行了实验，一组是拥有两年以上针灸经验的医师，另一组是非医学专业人士，他们通过使用功能性核磁共振成像技术对这两组人员的大脑进行检查，观察他们在看到针刺入口腔、手和脚时的反应。实验结果非常有意思。当非医学专业人士看到针刺入口腔、手和脚的视频时，他们身体相应部位的体感皮质区域就像圣诞树一样亮了起来。大脑的其他区域，比如导水管周围灰质（协调恐惧反应）和前扣带皮层（错误、异常和疼痛处理）也是如此。

然而，那些经验丰富的医师的大脑中几乎没有一丝与疼痛相关的反应。

相反，他们前额叶皮层的中部和上部的激活情况有所增强；颞顶连接处，即与情绪调节和心理理论[1]相关的大脑区域的激活情况也有所增强。另外，与非医学专业人士相比，医师们对针灸的反应很显然没有那么多的不适。这就让人回忆起无数的实验结果，这些结果显示，在内心感到恐惧、厌恶某件事或者某样东西和遭遇情色刺激时，以及在面对复杂的社会应激测试，比如特里尔社会应激测试[2]时，精神病态者的生理反应（如心率、皮电反应和皮质醇[3]水平）都会减弱。这些医师从经验中获得的东西，精神病态者从一开始就拥有了。

精神病态公式

在偶然发现郑雅薇的研究后不久，我就登上了去往华盛顿的飞机，到美国国家心理健康研究所（the National Institutes of Mental Health，NIMH）去见詹姆斯·布莱尔（James Blair）。布莱尔是精神病态研究方面世界顶级的专家之一。"成为精神病态者有什么好处吗？"我问他。他回答道："很好，不过要看情况。"

布莱尔很谨慎。"如果发生了什么坏事，精神病态者也许不会那么担心，确实是这样，"他告诉我说，"但是，我们不知道的是，他们在那种情况下是不是真的能够做出更好的决策。还有，因为他们可能无法对受到的威胁做出恰当的分析，他们也许会踏入危险中，而不是远离危险。"

换句话说，如果我们能够将这种推理稍微改变一下，在逻辑里添加一点冷静，那么精神病特征就可能带来诸多好处。反之，就不要指望能有什么好处了。

---

① 从广义上来说，心理理论指的是认知和情绪意义上能够看出其他人"从何而来"的能力。

② 特里尔社会应激测试：只给志愿者很短的时间来准备模拟一个工作谈话，在此期间告诉他们，他们将要接受多种多样的专业审查，例如会对他们的声音频率进行分析和对他们非语言的沟通技巧进行评估等。

③ 皮质醇，肾上腺在应激反应里产生的一种类激素。

异类的天赋
天才、疯子和内向人格的
成功密码

The Wisdom
of Psychopaths

106

不过我还想补充一点。这不正是我们在英雄人物身上寻找的东西吗？没有人会指责他们做出了错误的决定。贝沙拉、希夫和列文斯坦的"功能性精神病态者"理论结果如何？弗里德曼的行骗高手呢？（单胺氧化酶A基因多态性决定了冒险和暴力的密码，但这并不能说明你就会成为精神病态者。不过这两者之间确实存在一定的关联。）结果是在这种情况下，他们做出的决策很可能会比你我的要好。或许就是这样吧。只是需要对这个公式进行小小的调整：

功能性精神病态＝精神病态－错误的决策

还有第二种看法。这时我遇到了精神病猎手、新墨西哥大学心理学和神经系统科学副教授肯特·基尔，他还是阿尔伯克基[1]精神研究网（the Mind Research Network）移动成像和临床认知神经科学主任。我结识他的时候他正在旅行。不过不是你想的那种普通的旅行，他在旅途中开着一辆有18个轮子的卡车——这个设备简直太庞大了，每次他停车的时候我都很惊讶，他居然不需要拿规划许可证就能停靠。他倒是有扫描许可证，因为这辆卡车里装着一个定制的功能性核磁共振成像仪，价值200万美元。基尔用车装着它在新墨西哥州的多家监狱里转悠，目的是揭开精神病的神经原理。我把问过詹姆斯·布莱尔的问题拿来问他："有时候，做个精神病态者是不是也有好处？"基尔与布莱尔一样，对于这个问题非常慎重。

"在正常情况下，精神病特征分布在一般人群中，所以这句话确实是有一定道理的，"他告诉我说，"但是关键在于，处于谱系最高点的那些人，他们有时候无法将畏惧的闸门关上。一名首席执行官在某些商业领域里可能不知道规避风险，但在深夜里他可能不会在治安不好的地区走动。而精神病态者无法区分二者的差别。对于精神病态者来说，不是全好，就是全坏。"

---

[1] 阿尔伯克基，美国新墨西哥州最大的城市。

因此，我们的公式需要考虑第三个因素：

$$功能性精神病 = \frac{精神病 - 错误的决策}{环境}$$

也就是说，功能性精神病还取决于环境。用人格理论的话来说，就是与"特征"相对应的"状态"。而且在适当的情况下，功能性精神病能够提高决策的速度和质量，而不是减弱它们。

早在20世纪80年代，社会学家约翰·雷（John Ray）就得出了类似的结论。约翰·雷假想出了一个倒U形函数，恰到好处地表示出了精神病与适应性之间的关系（见图4.2）。

约翰·雷说："极高和极低水平的精神病可能都不是最佳状态，中间水平可能最具有适应性。之所以说高水平的精神病不具有适应性，是因为临床精神病态者经常给自己招来麻烦。说低水平的精神病也不具有适应性，是因为在人们的普遍认识中，精神病态者不会表现出丝毫焦虑。过于焦虑的负面影响显而易见。所以，在正常情况下，精神病态者对焦虑的迟钝可能会给他

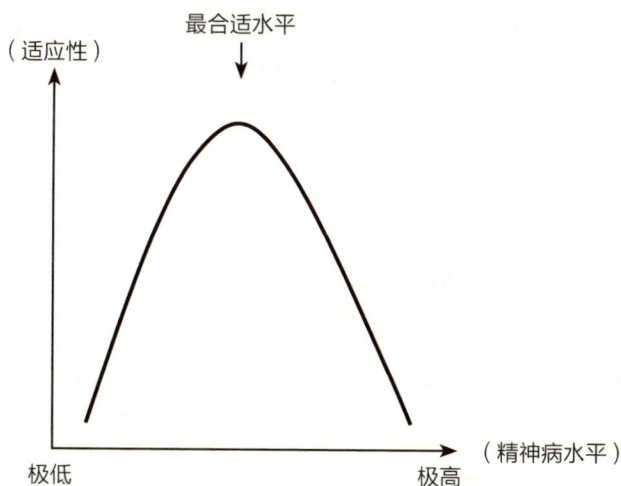

图4.2　精神病与适应性的关系

异类的天赋
天才、疯子和内向人格的
成功密码

The Wisdom
of Psychopaths

108

们带来好处。"

颇具讽刺意味的是，这与埃亚尔·阿哈罗尼在罪犯中调查的结果完全相同。决定着精神病态者能够成功实施犯罪的，不是较高水平的精神病，也不是较低水平的精神病，而是适度水平的精神病。当鲍勃·黑尔和保罗·巴比亚克对企业家的精神病人格进行研究时，他们没有忽略这一点。他们发明了一种名为"商业扫描仪"的设备，还有一份包括4个小项（个人风格、情绪类型、组织效率和社会责任）的问卷，专门用来评估企业界人士的精神病特征（见表4.1）。

表4.1　商业扫描仪：领导特征与其对应的精神病特征

领导特征	精神病特征
富有魅力	外表迷人
自信	夸大
影响力	操纵性
说服力	冲动
行动导向	寻求刺激
做艰难决定的能力	情感匮乏

在企业环境下，精神病的核心特征有时候也会摇身一变，成为具有明星般影响力的领导者的特征。为了对这些特征进行评估，有必要采用恰当的措辞来问合适的问题。（例如："为了做成这笔交易，撒谎也没什么大不了的。"——同意/不同意，共分为1到4四个等级。）目前，我们正在将律师、商人和特种部队士兵作为独立的样本进行研究，想具体看看他们的构成，对各种高风险职业进行心理学上的切片研究。

我想起曾经与英国一名顶级皇室法律顾问在他位于伦敦市中心的会议室里的谈话。

"在法庭上，我简直就像是在杀人，"他告诉我，"我折磨证人席上的每一个人，甚至诱使强奸嫌疑犯在听证席上伤心落泪。我对这些坦然受之，你知道是为什么吗？因为这是我的工作。这是我的客户花钱雇我做的事。一天结束后，我摘掉假发，走出法庭，同妻子一起去餐馆，对这一天发生的事毫不在意，哪怕我明明知道刚才发生的事可能会毁了受害者的人生。

"不过，另一方面，如果我妻子在一家商店买了一件礼服，她丢了发票，让我去取回来，这就完全不同了。我讨厌做这样的琐事，我会觉得很无助，感觉自己特别没用……"

我问他："你认为我们通过商业扫描仪可以找到成功与精神病特质的黄金点吗？这个黄金点与最佳表现有关系吗？"

他耸了耸肩说："或许吧。不过我想结果很可能是一个范围。由于职业的不同，可能存在一些小小的差异。"

我赞同他的说法，情不自禁地想起了老朋友约翰尼，不知道他属于哪个范围。詹姆斯·邦德被赋予了杀人的权力。虽然他不能随心所欲，滥杀无辜，但是必要的时候，他会出手杀人，而且连眼睛都不眨一下。

疯狂、糟糕还是极度理智？

汤姆是我的一个朋友。他是英国特种部队的一名军人，在世界上最偏僻又最危险的地方做着最疯狂的秘密工作。他对这份工作乐此不疲。我跟他讲了赌博游戏、情感识别任务、艾哈迈德·卡里姆通过经颅磁刺激技术提高撒谎技能的实验以及针灸医师的故事，然后我告诉他詹姆斯·布莱尔、肯特·基尔、鲍勃·黑尔、保罗·巴比亚克和彼得·乔纳森说的话。

当我最后向他讲起戴上夜视镜，在阿富汗北部群山中漆黑一片的山洞里与塔利班持刀肉搏时——也许并不是每个士兵都喜欢做这样的事情，"你到底想说什么？"他这样问我，"我疯了吗？居然闯到魔鬼都不敢涉足的地方去。我图什么呢？就为了钱吗？"

我被噎住以后，汤姆给我讲了一个故事。几年前的一天夜里，他和女朋友看过电影《电锯惊魂》后返回公寓。突然，一个人手持刀具从门口蹿了出

异类的天赋
天才、疯子和内向人格的
成功密码

The Wisdom
of Psychopaths

110

来。汤姆的女朋友吓得快要喘不过气来，而汤姆只咳嗽了一下，从从容容地卸下那个家伙的武器，让他滚蛋了。

"很有趣，"汤姆说，"我确实觉得那部电影很惊悚。不过当我突然发现自己身处同样的境况中的时候，我还是回过神来了。没什么，不会紧张。也没有什么戏剧性。"

我们之前说到的那位神经外科医生也同意这种说法。《马太受难曲》常常让他感动得泪流满面。说到足球，他从小就支持的那支球队，有时候他都不敢看。

"精神病？"他说，"我不确定。我也不知道如果我的病人知道了这些，他们会做何感想。不过这个词是个好词。而且，当你要做一个高难度的手术时，在开始彻底清洗消毒的那一刻，确实就像是有一股寒意穿过静脉。就像是中毒。不过，这种中毒不是让你感觉更迟钝，而是更敏锐。那时我的意识处于清醒状态，清晰而准确，而不是模糊和无序……也许'极度理智'这种说法更好，少了点邪恶的色彩……"

他笑了起来："又来了，也许听起来显得更疯狂了吧。"

Five

第五章

把我变成精神病人

The great epochs of our lives are the occasions when we gain the courage to rebaptize our evil qualities as our best qualities.

我们人生中最重要的关头就是当我们有勇气洗心革面、把自己的邪恶品质变成最优秀品质的时候。

——弗里德里希·尼采（Friedrich Nietzsche）

异类的天赋
天才、疯子和内向人格的
成功密码

The Wisdom
of Psychopaths

112

变革时代

鲍勃·黑尔在自己的领域里长期占据泰斗地位。2011年，精神病学协会在蒙特利尔举办两年一次的大会，邀请众多知名教授参加。我私下里邀请黑尔一起喝杯咖啡。

黑尔马上就给了我答复："我更想喝杯上好的苏格兰威士忌。你到酒店的酒吧来找我吧，我请客。"

我一边喝着20年的陈酿啤酒，一边试探性地问他："你那时候在《病态人格检测表》中到底得了多少分，鲍勃？"

他笑了。

"哦，分数很低，"他说道，"一两分吧。我的学生说我真应该多努努力。但是我不久前确实也干了点'精神病'才干的事。我花了一大笔钱买了辆崭新的越野车，而且还是辆宝马。"

"真不错，"我说，"也许你的学生对你的影响很大，只是你没有意识到罢了。"

我又问他："当你环视四周，看看现代社会，你有没有觉得我们整体上的精神病越来越严重？"

这一次这个大人物没有像回答刚才那个问题那么干脆。"我觉得，从整体上来说是这样的，整个社会的精神病日趋严重，"他说道，"现在发生的很多事情在二十年、十年甚至几年前都没有发生过。由于过早地在网络上接触成人色情，孩子们对正常的性行为感到麻木。人们因为忙碌，或对在现实生活中结交朋友缺乏耐心，使租友网站越来越盛行。前些天我读到一篇报告，说女性犯罪团伙的大量增长与现代网络游戏越来越暴力有关。事实上，我觉得你要是想寻找社会精神病加剧的证据，女性犯罪的大幅增长就很有说服力，根本不用跟我提华尔街！"

就算是不常读报、不常看电视和上网的人，也能理解黑尔的这种观点。2011年，日本一个17岁的男孩为了买一台iPad卖掉了自己的一个肾。在中国，一个两岁的小孩被困在集市上，被车碾过，肇事者不仅没有施救，反而又轧了一次。事件过后，一名对此次事件大感震惊的中国人大代表向政府提议，希望通过"行善的撒玛利亚人法"①，以杜绝此类事件再次发生。

但是不好的事情总在发生并且还将继续发生。哈佛大学心理学家史蒂文·平克（Steven Pinker）在他的《人性中的善良天使》一书中特别提到了这一点。平克认为，实际上暴力活动并没有增加，而是有所减少了。恶性谋杀和其他恐怖的犯罪案件之所以能够登上报纸头版，不是因为犯罪行为司空见惯而是恰恰相反。

以杀人案为例。学者们在查阅几个欧洲国家的法院记录后，计算出的谋杀率连年大幅下降。以14世纪的牛津郡为例，跟现在比起来，那个时候的牛津郡就像到处都是杀人犯似的：当时，每年每10万人中就有110人是杀人犯；而在20世纪中期的伦敦，每10万人中只有一个是杀人犯。其他地区——意大利、德国、瑞士、荷兰和斯堪的纳维亚半岛等也是如此。

战争的变化趋势也一样。平克经过计算得出，在战争肆虐的20世纪，死

---

① "行善的撒玛利亚人法"（Good Samaritan Law，又译"好撒玛利亚人法"），主要是关于在紧急状态下施救者因其无偿的救助行为给被救助者造成民事损害时的责任免除的法律制度。美国联邦和所有州制定的法律中都有其各自的无偿施救者保护法，其主要目的在于通过豁免见义勇为者在一些特定情形中的责任来鼓励社会的见义勇为行为。

异类的天赋
天才、疯子和内向人格的
成功密码

The Wisdom
of Psychopaths

114

于战场的人有4000万，而世界人口是60亿，两个数据的比率仅为0.7%。把疾病、饥荒和种族灭绝等与战争相关的因素也考虑在内，那么死亡人数将上升到1.8亿。这个数字听起来很大，但是从数据上来说真不算大，差不多只相当于世界人口的3%。

把这个数据与史前数据对比一下——那个时候可是15%，你就明白了。克里斯托夫·佐里科夫在法国西南部发掘出被击伤的尼安德特人头骨只是冰山一角。

当然，看到这些数字，人们脑海中马上会出现两个问题。首先，这些数字是否与社会上精神病态者正在增加而不是减少相符；其次，在这些犯罪行为急剧减少的时间里，究竟发生了什么事情扼制了人类进行谋杀的暴力冲动？

首先谈第二个问题，大多数人最先想到的答案是法律。1651年，托马斯·霍布斯在《利维坦》一书中进一步阐明了一种观点，那就是如果没有自上而下的国家管控，我们就会变成野蛮人。这种观点很有道理。但是平克从自下而上的观点出发，间接地提出了渐进的文化和心理成熟进程这一因素。

"自11或12世纪起到17、18世纪，欧洲人日渐学会了抑制冲动，学会了预先对自我行为的后果进行评估，更多地考虑他人的想法和感受，"他这么说，"荣誉文化，即时刻准备报复的文化，渐渐演变为一种尊严文化——愿意时刻控制自己的情感。"这种观点首先来自文化界权威人士对上流社会和贵族的公开教化，使他们能够把自己跟恶人和粗人区分开来。后来这种观念又融进了对后代的教化中，直到这些观念变成他们的第二天性。然后，这些标准又逐渐从上流社会扩展到竭力模仿贵族的中产阶级，继而扩散到下层社会，最终成为整个社会文化的一部分。

无论从历史角度还是从社会学角度来看，这都很容易理解。平克的观点里暗含着几个具有直接意义的重要原则：假如对细微的社会生物学线索条分缕析的话，我们就可以解释一个有趣的文化悖论了。这个悖论在某种程度上可以解释前面所说的第一个问题：**一方面，社会暴力倾向正在逐渐减轻；另一方面，社会精神病却越来越严重。**

　　我们不妨思考一下平克颇有见地的观点，即"文化权威人士"在促进社会意识形态转变的过程中扮演着重要的作用。在过去，传统的文化权威人士基本上都是牧师、哲学家或者诗人，在某些情况下，甚至有可能是君主。但时至今日，随着虚拟世界的无限扩张，文化权威人士成了完全不同的一类人：当红明星、当红演员、媒体和电子游戏大亨。这些人没有向社会宣扬高尚的品德，而是向人们宣传五花八门的精神病态。

　　你打开电视看一下。在美国全国广播公司（NBC）的《谁敢来挑战》（Fear Factor）节目上，一大群竞争选手大口吞食着各种令人作呕的蛆虫和昆虫。在《谁是接班人》（The Apprentice）节目上，我们听到人们脱口而出的"你被炒鱿鱼了"。西蒙·考埃尔（Simon Cowell）①正是以其直率、无情、极具个人特色的评审风格而出名。安妮·鲁宾逊（Anne Robinson）用她那淫荡的、做过整容手术的眼睛盯着失败的选手，像疯狂的母夜叉一样大声宣布："你弱爆了，再见。"

　　文化传播对行为规范的影响仅仅是平克社会生物学等式的一边，当这些行为倾向逐渐成为社会约定俗成的行为准则并成为人们的"第二天性"时，情况就完全不一样了。

　　以金融行业为例。贪婪和腐败已经开始吞噬大企业的边缘——从美国内战时期的投机商，到20世纪80年代在资本主义及撒切尔主义②的掩护下英国私下进行的内部交易丑闻。新千年似乎还带来了一股全新的企业犯罪潮流。投资骗局、利益冲突、审判不公和企业界长盛不衰的欺诈和挪用公款，无论是规模还是影响都史无前例。

　　企业治理分析师指出了一系列导致如今商业气候污浊的原因。贪婪作为

---

① 英格兰唱片制作人，电视制作人，Syco唱片公司老板。他是多个电视选秀节目的评委，包括《流行偶像》（Pop Idol）、《美国偶像》（American Idol）、《X音素》（X Factor）和《英国达人》（Britain's Got Talent），发掘了不少人才。他因常常发表对参赛者非常刻薄、坦率而往往有争议的评论而受到关注。

② 撒切尔主义，指撒切尔夫人上台后在保守党内出现的一股占统治地位的"新右派"势力的意识形态，是当代西方"新自由主义"与"保守主义"的"混血儿"。在撒切尔主义的主宰下，经济上的不平等现象越来越严重，进而导致了在社会地位和其他领域的不平等。

异类的天赋
天才、疯子和内向人格的
成功密码

The Wisdom
of Psychopaths

116

戈登·盖柯①主义的核心就是原因之一，还有一个就是所谓的"游击会计"（guerilla accounting）。由于华尔街和伦敦证券交易所都想不停地赚钱，商业发展的速度和复杂程度都呈指数飙升，违规操作和混淆是非突然变成了不可或缺的商业手段。

"由于证券、会计操作和商业交易的手段变得极其复杂，诈骗越来越容易得到隐藏。"资深商业诉讼律师赛思·陶布指出。

诺丁汉大学商学院前教授克莱夫·博迪在《商业伦理期刊》（*Journal of Business Ethics*）中一针见血地指出：其实原因简单明了，所有的问题都是精神病在作祟。博迪解释说，精神病企业人士利用现代企业相对动乱的本质，包括变化速度快、不断更新以及核心人员调动频繁等，通过他们"外在的领导气质和魅力"进入大金融机构角落里的办公室（通常指高级主管或者经理的办公室），使自己的行为不为人所知，更有甚者，使自己的行为看起来正常，甚至跟理想中的领导人物一样。

当然，根据博迪的分析，这些企业的阿提拉②一旦进入角色就"能够影响整个机构的道德风气"，而且还能大权在握。

博迪说，国际金融危机的罪魁祸首就是这些有精神病的人。他们"一心想着自己发财，满足自己不断膨胀的私欲，完全不顾及给别人和社会造成的其他后果，把'位高者不负众望'、平等、公平等传统观念抛在脑后，也完全不考虑企业的社会责任"。

不可否认，博迪说的确实有几分道理。

但是，另一方面，特拉华大学温伯格企业治理中心（the Weinberg Center for Corporate Governance）主任查尔斯·埃尔森指出，整个社会也难辞其咎。他认为我们不应该一味归咎于企业大亨，而应该反思一下文化领域的道德失范。在这种文化中，真理被赤裸裸的个人利益所扭曲，道德边界远远偏离了

---

① 戈登·盖柯（Gordon Gekko），1987年影片《华尔街》中塑造的金融大鳄。

② 阿提拉，古代欧亚大陆匈奴人最伟大的领袖和皇帝，史学家称之为"上帝之鞭"，曾多次率领大军入侵东罗马帝国及西罗马帝国，并对两国造成极大的打击。

良心底线。

埃尔森认为，至少从政府层面上来说，造成这一变化的分水岭是克林顿总统与莱温斯基的婚外情。这场风波过后，克林顿政府并没有倒台，其家庭也没有因此而破裂，其政治遗产也几乎完好无损地保留了下来，但是其他领域的荣誉和威信受其影响开始降低。警察因为无处不在的种族歧视而备受诟病；体育运动因为普遍的兴奋剂丑闻受到广泛批判；教会也因儿童性虐丑闻而饱受争议。

就连法律也不可幸免。在盐湖城伊丽莎白·斯马特（Elizabeth Smart）绑架案中，布赖恩·戴维·米切尔（Brian David Mitchell）是个流浪传教者，自称先知，他绑架、强奸了14岁的斯马特，还将她拘禁了9个月——根据斯马特的证词，米切尔在此期间每天都对她进行强奸。但在审判中，米切尔的代理律师却要求审判法官宽大处理他的当事人，理由是："斯马特女士并没有死，她挺了过来，而且成功获救了。"

假如法庭鼓励这样的论调，社会还指不定会变成什么样子呢。

"自我"的一代

我对平克说，我们现在陷入了一个难题：一方面，有证据表明社会暴力倾向正在减弱，另一方面社会的精神病正在加剧。

"好吧，那我们就说社会精神病正在加剧，"平克接着反驳说，"但这并不意味着社会暴力倾向就会大幅加强。据我所知，大多数精神病态者其实都没有暴力倾向。他们带来的更多的是情感伤害，而非肢体伤害。

"当然，假如社会的精神病真的在加剧，那么或许我们可以看到最近四五十年来社会暴力有小幅增长。但是我们看到更多的是社会暴力方式的变化，比如变得更加偶然，或者手段更加多样。

"我觉得社会上精神病态者越来越多会使我们回到过去的生活中，比如说中世纪。但是，单纯从现实角度来看，这种情况根本不可能发生。

异类的天赋
天才、疯子和内向人格的
成功密码

The Wisdom
of Psychopaths

118

"过去几十年间，人类品性或者人际关系发生了一些小幅波动，我对此一点都不感到吃惊。但是现代社会的道德习俗和礼节观念已经深深地根植于我们的内心，融于我们的美好品质之中，绝不可能因为一时的变化而改变。更何况现在的变化很小，只是轻微地将我们向邪恶品质推了一下而已。"

平克认为精神病不能长期持续地存在下去的观点是正确的。借助上一章博弈论的观点来看，从生物学角度来讲精神病态者在优胜劣汰、适者生存的法则下毫无永远存在下去的希望。平克认为暴力举动的心理动机可能发生了微妙变化的观点也是正确的。伦敦国王学院犯罪与司法研究中心最近做了一项研究，研究者询问120名被判刑的街头抢劫犯他们为什么要犯罪，他们的回答按重要程度排序依次为：快感、一时冲动、社会地位以及财物。这正是精神病态者独有的任性、无情的行为。这些犯人的回答也在很大程度上解释了现代英国的街头生活。

这么说来，精神病态者这一漠视社会的群体是不是正在崛起？这样一个几乎没有社会规范概念、毫不在乎别人的感受、不顾及自己行为后果的群体？也许平克是对的，现代社会人性结构的细微变动正在邪恶地将人性推向黑暗面？如果不考虑萨拉·康拉特和她在密歇根大学社会研究所的团队最近的研究的话，这些问题的答案都是肯定的。

康拉特对14 000名志愿者做了一项问卷调查。研究发现，大学生的共情水平（根据人际反应指数[①]衡量）在过去30年间持续下降，并且在过去10年内尤为突出。

"与二三十年前相比，现在大学生的共情水平下降了40%。"康拉特报告说。

更令人忧心的是，根据圣地亚哥州立大学心理学教授琼·温茨的研究，

---

① "人际反应指数"是一个标准化问卷，里面包括"我经常关心比我不幸的人"和"我做决定前会考虑每个人的反对意见"等问题。

在同一时期内，大学生的自恋水平与共情指数的变化恰恰相反，呈直线上升趋势。

康拉特接着说："很多人觉得现在的大学生是'自我的一代'，他们是近代以来最以自我为中心、最自恋、最好胜、最自信，也最有个性的一代。"

英国前武装部队司令洛德·丹纳特勋爵最近呼吁对新入伍的士兵进行"道德教育"，以此作为基础训练的一部分，因为很多新兵严重缺乏基本的核心价值观。鉴于前面提到的调查研究，丹纳特勋爵的这个提议就不足为奇了。

"这一代人没有像前几代人那样接受过传统价值观的洗礼，"丹纳特解释道，"所以我们觉得很有必要为他们设置一条道德底线。"

所以提到那些调皮捣蛋的孩子，人们常说把他们送到部队去。

至于导致社会价值观滑坡的确切原因，我们并不完全清楚。与其他大多数问题一样，环境、榜样和教育等种种复杂的因素都有影响。但更加根本性的答案也许可以从杰弗里·扎克斯和他在圣路易斯华盛顿大学动态认知实验室的团队的研究中得出。

扎克斯及其合作者借助功能性核磁共振成像技术研究了人在阅读时大脑深层结构的变化。他们的研究结果为人类如何构建自我意识提供了新鲜而有趣的认识。当阅读到书中人物位置的变化（比如从屋里走到街上去）时，大脑负责空间定位和感知的颞叶区的活动就会增强，而阅读到书中人物操持物体的位置发生变化（比如拿起一支铅笔）时，大脑额叶区的活动也会有类似的增强。一般认为额叶区对于理解运动十分重要。但最重要的是，书中人物活动目标的变化会导致前额叶皮层的活动性增强。前额叶皮层的损害会破坏人们对计划和目的性行为的顺序和结构的认知能力。

想象一下，有可能真的就是这样。这项研究的带头人妮科尔·斯皮尔说，当我们读故事时，我们与故事的互动就是我们"用大脑模拟故事里的情境"，然后大脑会根据我们在现实生活中的知识和经验将这些新碰到的情境交织成一个动态的有机整体。

异类的天赋
天才、疯子和内向人格的
成功密码

The Wisdom
of Psychopaths

120

阅读可以在我们的大脑皮层上刻出新的神经路径，这将改变我们看待世界的方式。如尼古拉斯·卡尔（Nicholas Carr）在他最近出版的论文《读者的梦境》（The Dreams of Readers）中所说，阅读使我们"更加在乎别人的内心生活"。

我们变成吸血鬼，但是不会去咬人。换言之，我们会变得更有共情力。阅读带给我们的全新体验是因特网和枪林弹雨的虚拟世界所不能提供的。①

有罪无责

回到蒙特利尔，我和鲍勃·黑尔又喝了一杯威士忌。在谈论共情和世界观的话题时，我们谈到了"神经法学"的出现。这是由于法院对顶尖神经科学越来越感兴趣而发展起来的次级学科。

具有分水岭意义的研究发表于2002年。该研究在一种神经传输代谢基因中发现了一种功能性多晶体，说明成年人的神经性行为与童年受虐待的遭遇有关。这个问题基因，即前文中提到的媒体所谓的"斗士基因"，控制了单胺氧化酶A的分泌。在此之前，人们认为这种基因不足以与老鼠的攻击性行为有关。

伦敦国王学院精神病研究所的阿瓦沙洛姆·卡斯皮（Avshalom Caspi）和特里尔·莫菲特（Terrie Moffitt）进一步开拓了一项前沿性的研究，即研究人类在儿童—青少年—成年时期的状况，发现了与老鼠身上类似的结果。在儿童时期遭受了虐待或者忽视的人身上带有一类可以导致单胺氧化酶A分泌过低的基因。等到成年之后，这些孩子变成有暴力倾向的精神病态者的风险会高于普通人。而童年经历与其相似，但单胺氧化酶A分泌更多的人却很少出现这类问题。

这一发现的影响一直蔓延到了法庭上，也许会彻底改变犯罪与惩罚的根

---

① 根据英国慈善机构全国识读基金会2011年的一项调查，有三分之一 11~16岁的儿童没有书，而在2005年，这一数据是1/10。这意味着英国共有400万儿童没有书。在接受调查的18 000名儿童中，有1/5的人表示他们从来没有收到书本礼物。12%的被调查者表示他们从来没有去过书店。

本原则。我们是"好人"还是"坏人"部分归因于我们的基因，部分归因于我们的成长环境。

这两个因素都不是我们能够决定的，那么我们到底有没有一点选择的自由？

2006年，布拉德利·沃尔德鲁普的辩护律师怀利·理查森把田纳西州纳什维尔市的范德比尔特大学精神病学法医威廉·贝尼特请到了证人席。

他手头有件大活要做。

沃尔德鲁普涉嫌制造了田纳西州历史上最残暴的惨案。跟他分居的妻子带着他们的四个孩子和朋友去他的拖车房看他的时候，沃尔德鲁普说，他"失去了控制"。他拿起0.22口径的步枪，硬生生地在妻子朋友的后背打了八个洞，然后用砍刀劈开了她的脑袋。随后，他又拿着砍刀冲向妻子，砍下她的一根手指，在连砍数刀后又拿起铁铲将她打昏。

沃尔德鲁普的妻子奇迹般地活了下来，但她的朋友不幸去世了。这就意味着，如果沃尔德鲁普被判有罪，那么他将被判死刑。

理查森不这么认为，他问贝尼特："犯罪嫌疑人是不是拥有限制单胺氧化酶A分泌的基因？"

"是的。"贝尼特回答道。

"他小时候是不是经常被父母暴打？"

"是的。"贝尼特回答道。

"那么站在你面前的这个人对他自己的行为负有多大程度的责任呢？"理查森接着说道，"他的基因构成在多大程度上影响了他的意志？"

这个破天荒的问题，对于命悬一线的布拉德利·沃尔德鲁普来说，其答案将直接影响到他是否能够活下来。

这个问题得到的回答也是破天荒的。法庭认为，以上辩护足以赦免沃尔德鲁普的一级谋杀罪名，而改判故意杀人罪。这个案子也足以创造历史，因为行为基因学使犯人免于死刑。

神经法学诞生于人们对文化神经科学领域的广泛讨论：社会价值观念、

异类的天赋
天才、疯子和内向人格的
成功密码

The Wisdom
of Psychopaths

122

时间和信念是如何通过时间和文化影响基因、神经和心理进程，并反过来被这些因素影响的。如果社会精神病态正在变得越来越严重，那么，是不是有一种基因正在发挥作用，成批地"生产"精神病态者？或者如史蒂文·平克在"尊严文化"理论里说的那样，这种社会习俗和道德观念越来越社会化，最终会演变为人类的第二天性？

黑尔觉得两方面的原因都有：**精神病态正呈现出疯狂蔓延的趋势。精神病态越蔓延，精神病态者的行为就显得越正常。**他提到了主流基因学的一个新兴热门分支，即表观遗传学的兴起。简单来说，这个学科不仅研究基因活动变化对基因编码的影响，还研究其对后代遗传的影响。这种基因表现被基因组最上层的小"开关"控制着。诸如饮食、压力甚至出生前的营养等环境因素都是通过这些"开关"影响基因的，而不是通过复杂的内部反应发生作用。这些环境因素就像恶作剧一样打开或者关掉你的基因，使它们的影响在遗传自祖先的基因组里表现出来。

黑尔给我讲述了一个20世纪80年代在瑞典进行的研究。19世纪上半叶，瑞典北部一个偏远的小地方上卡里克斯（Överkalix）总是连续好几年都严重歉收，丰收年和歉收年相互交织。

通过对精确无误的农业档案和相应的国民健康记录进行对比，科学家们发现了一个不可思议的现象：一种流行病传染模式完全改变了基因科学。在**歉收年度过青春期①的人的子孙死于心血管疾病（如中风、高血压或冠心病）的可能性减小；而另一方面，在丰收年度过青春期的人的子孙患上与糖尿病相关的疾病的风险加大。**

真是难以置信！没有任何直接的媒介，后代子孙的心血管和内分泌情况就被偶然的生态变化决定了。那个时候，他们甚至还没有出生呢。

---

① 更加确切地说是缓慢生长期（SGP），也就是青春期即将开始之前的那段时间，环境因素对人体的影响很大。对于男孩子而言，这个关键时期通常在9到12岁之间。

我简直不敢相信自己的耳朵。

我试着将这些东西——平克和他的文化权威、博迪和他的企业阿提拉，还有表观遗传学现象，联系到一起，问道："所以精神病态者转动了上帝的骰子，而随着时间的推移，越来越多的人都会跟着一起转骰子，有没有这种可能？"

黑尔又点了两杯酒。

"不仅如此，"黑尔说，"而且，就像你说的，随着时间的推移，如果表观遗传学在发挥作用，骰子的分量就会越来越重。毫无疑问，精神病态中有一些品质十分适合社会领袖。当然，这些人一旦当上领袖，他们就会让其他的精神病态者也活跃起来。看看华尔街，其模式是自上而下的。只要那些人坐稳了领袖的位置，他们就会为最适合这种环境的人往上爬开路。

"20世纪60年代有个作家，名叫艾伦·哈林顿，他认为人类进化的下一步就是精神病态者：**随着社会结构变得越来越松散，社会节奏越来越快，自然选择的下一步就是把人变成精神病态者。**也许他是正确的，但现在还完全无法评断。但可以肯定的是，眼下各地的基因实验室正在进行一些有趣的工作。

"我之前有没有跟你说过这篇论文？上面提到，那些睾丸激素水平高的人和血清素传输基因上有长等位基因的人，在面对社会压力时杏仁核会受到压迫。这对人来说是一种潜在的精神病态基因，它能让人不仅具有极强的进攻性，而且胆子还很大。"

捐献眼角膜的冷血杀人犯

我看了一眼手表，刚过九点，酒吧里的人越来越多，"广告"（The Adverts）乐队的《加里·吉尔摩的眼睛》（*Gary Gilmore's Eyes*）在酒吧里回响。这是首后朋克小调，歌手在歌里思索通过吉尔摩的眼睛能看到什么。这是个有趣的问题——某个人知道答案。在被处决前，吉尔摩要求捐献眼睛用作移植。在他死后几个小时内，遵照他的遗愿，有两个人移植上了他的眼球

异类的天赋
天才、疯子和内向人格的
成功密码

The Wisdom
of Psychopaths

124

角膜。

吉尔摩无疑是犯罪史上精神病态最严重的犯人——其"混音台"上的所有旋钮都调到了最大。1977年，这个曾经是鞋类销售员的美国人被一群行刑人员带到犹他州默默无闻的小镇德雷帕。前一年7月，他开枪打死了一名服务员，杀人的原因他自己都不清楚——然后他跟女友一起去看了一场电影。第二天，他再次出手，近距离射杀了一名汽车旅馆的职员。

6个月后，吉尔摩吃完由汉堡、鸡蛋和土豆组成的"最后的晚餐"，就受到了应有的惩罚，被抓进犹他州监狱。行刑队一共有5个人。监狱长将吉尔摩头上和胸前的皮绳系紧，往他心口上固定了一个圆形靶心。然后他走出行刑室，把脸贴到观察室冰凉透明的玻璃上。

吉尔摩在几个月前就放弃了上诉。他想死，他跟他的辩护律师这么说过。

早上8点，行刑队举起了行刑枪。按照传统，监狱长在给吉尔摩戴黑色头罩之前问他临刑前还有什么话要说。

吉尔摩直愣愣地盯着前方，眼睛比大白鲨还要冷酷，死亡闪电无声地穿过他的灵魂。

"动手吧。"他说。

歌曲播放完了，我转过身焦虑地看着黑尔。"不知道通过吉尔摩的眼睛看世界会是什么样子，"我说，"说真的，如果有人能够让你当一个小时的疯子，你会接受吗？"

黑尔笑了笑。"也许我现在会接受，"他拖着长调说道，"我都这么一大把年纪了。但他们首先要把我的宝马车钥匙从我身上拿走。"

我们喝完酒就分别了。这首歌让我思绪纷飞，走在蒙特利尔老旧的街道上，一个古怪的想法在我的脑海中盘桓。艾哈迈德·卡里姆的研究怎么样呢？他用经颅磁刺激技术破坏决定人们道德抉择的前额叶皮层，从而让人们更善于撒谎。

如果你能够把"混音台"上的一个旋钮调大，那为什么不再多调几个呢？

撒谎能力改造实验

经颅磁刺激技术于1985年由安东尼·巴克（Anthony Barker）和他在谢菲尔德大学的同事首创，但是这项技术的实际历史却更早。早在18世纪80年代，就产生了用电刺激神经和肌肉的科学，比巴克早了约200年。那个时候，意大利解剖学家兼内科医师路易吉·伽伐尼与另一个意大利人亚历山德罗·沃尔塔借助一个简单的发电设备和一对断掉的青蛙腿，发现神经线并非笛卡儿所推测的输水管道，而是传导信息的导电体。

自那以后，该领域的研究取得了长足的进步。巴克和他的团队首次应用经颅磁刺激技术，通过刺激肌肉引起简单的收缩，初步展示了从大脑运动皮层到脊髓的神经波动。从抑郁症、偏头痛、中风到帕金森病，经颅磁刺激在多个神经学和精神病学领域有着广泛的实际应用。

经颅磁刺激技术的主要假设是大脑是通过传输电波信号来维持运转的，我们有可能通过改变电波环境改变大脑的运转方式。标准的经颅磁刺激设备包括一只强力电磁体和内设塑料线圈。实验的时候，电磁体被固定在颅骨上，按照预先设定好的频率产生稳定的磁场振动，磁波动通过线圈穿透颅骨皮层，传导至大脑的目标区域，以刺激下方大脑皮层。

现在，我们知道精神病态者大脑"电灯开关"的连接方式与一般人不同——受影响最大的是杏仁核。杏仁核是位于大脑中心的一个花生大小的器官，是大脑的情绪控制塔，控制着我们的情感空间，影响着我们对事物的感受。但在精神病态者身上，这个情感空间的一部分，也就是恐惧空间，是空白的。

如果以电灯开关打比方，那么经颅磁刺激可以被认为是一种亮度调控器。当我们加工信息时，大脑会产生微小的电报信号。这些信号不仅会通过神经传输控制我们的肌肉，而且还会深入大脑。当这些电子信息积聚时，就会产生思想、记忆和感受。通过经颅磁刺激精确定位大脑皮层的特定区域，

异类的天赋
天才、疯子和内向人格的
成功密码

The Wisdom
of Psychopaths

126

并释放电磁流，我们可以调节这些信号的强弱——促进或者阻碍这些信号的积聚进程。

当然，像艾哈迈德·卡里姆及其在图宾根大学的同事那样，调低通往杏仁核即大脑道德控制区域的信号强度，你就能给别人做"精神病态改造"。实际上，杨莲和她在麻省理工学院的团队的研究进一步证明，在正确的颞顶交叉点——该区域内部一个特别的神经路径使用经颅磁刺激技术，其作用不仅仅在于严重影响人们的撒谎能力，更为特别的是，它还可以决定别人的行为动机。

我拿起电话，拨通了老朋友安迪·麦克纳布（Andy McNab）的电话。他当时正在沙漠进行为期一周的消遣，开着一辆哈雷V-Rod摩托车周游内华达州。

"没有头盔！"他说道。

"嘿，安迪，"我说，"回来后找点刺激怎么样？"

"当然没问题，"他大声喊道，"有什么刺激的事？"

"咱们俩一起去实验室，看看谁更冷酷无情，然后我把你打败怎么样？"

电话那端传来一阵狂放的笑声。

"不错，"他说，"你就等着瞧吧，凯文！小事一桩，不过你他妈怎么知道你赢得了我呢？"

"这很简单。"我回答道。

特种部队的疯子：狭路相逢勇者胜

对于你们这些过去20年里一直生活在洞穴里面的人来说，在2005年哈里王子在伊顿公学①高举马球槌之前，安迪·麦克纳布无疑是最有名的英国军人。在第一次海湾战争期间，安迪统帅英国皇家特种空勤团小分队二零敢死

---

① 伊顿公学，英国最著名的贵族中学。

队（Bravo Two Zero），这支由八位特种兵组成的特遣队的任务是通过巴格达和伊拉克西北部的地下联络网搜集情报，追踪并破坏该地区内伊拉克供给线上的飞毛腿导弹发射器。

没过多久，这些特种兵就有了新的任务。潜入该地区几天后，特遣队的行踪被一个牧羊人泄露。所以，他们只能采用最传统的方式，即步行穿过185英里的沙漠，向叙利亚边境跋涉。

只有一个人成功地穿越了沙漠。三名成员被杀，其余四个，包括安迪，在途中不同的地点被伊拉克人抓捕。1991年，安迪到白金汉宫接受女王授予的荣誉勋章。

勋章仅仅是开端。1993年，在一部印着他们名字的书中，安迪把这次巡逻的故事写了出来，里面包括令人毛骨悚然的细节。这本书是按照现代军事回忆录的题材和框架来写的。用当时特种空勤指挥官的话来说，二零敢死队"将被永远载入军团史册"。

他一点也没有开玩笑。实际上，二零敢死队现在已经融入更广泛的文化史，而安迪也成为一张招牌。

几年前的一天，我乘晚上的航班去悉尼，中途飞过阿富汗上空。飞机下方是兴都库什山脉①群峰间深邃而令人不寒而栗的黑暗。透过云层，我看到若隐若现的微光。我猜测着，他们是谁呀？是古老的游牧民族的牧民，还是在此藏匿的独眼塔利班军阀？

机舱信号响了，飞行员打开了舱内通话器。"坐在飞机右首的乘客们，"他用抑扬顿挫的语调说道，"特种空勤部队正在下面用笔记本电脑写畅销书呢，你们往下看看，应该能够看到他们的电脑。"

飞机上的乘客都笑了。如果安迪在的话，他也会笑的。但是我觉得我们当时正从他的头顶飞过。

看到安迪的第一眼，你就知道，他天不怕地不怕。

---

① 兴都库什山脉，亚洲西南部的高大山脉。

异类的天赋
天才、疯子和内向人格的
成功密码

The Wisdom
of Psychopaths

128

我们第一次见面是在伦敦桥车站，那个时候他向我解释说："他们发现我的时候我刚出生没几天，实际上就离这儿不远，在盖伊医院的台阶上。当然了，我那时候被装在一个哈罗斯①袋子里。

"你在开玩笑吧？"我觉得有点不可思议。

"不，我说的一点都不假。"安迪肯定地回答道。

"妈的，"我说，"真让人难以置信！我觉得你更像是一个折扣商场里的销售员。"

"厚颜无耻的家伙！"他吼道，"不错，我喜欢。"

我曾经为英国广播公司做过电台节目，我和安迪做过搭档，节目的名字叫作《超级大说服》（Extreme Persuasion）。我现在很想知道特种空勤团里会不会有某些精神病态的特质，比如，打个很有趣的比方，天不怕地不怕的特质。我没有失望。

"进入军营，你最先注意到的就是玩笑打趣，"安迪说，"这种打趣无时无处不在。每个人都在挖苦别人、戏弄别人。跟在军队里的大多数事情一样，你这样做理所当然。如果被俘的话，你就需要变成'影帝'。要假装很累，又要假装不累。要让审问你的人认为你连个屁都不知道，让他们以为你对他们一点用处都没有。

"这样的话，假如抓你的人不是很差劲，他们就会开始寻找你的弱点。他们会注意你最细微的反应，包括细微的表情变化和眼球运动，这些都有可能暴露你真实的心理状态。要是被他们发现什么的话，他们就会这么说：'好了，朋友。游戏结束。这么说吧，要是你的'老二'个头有问题的话，那伊拉克审讯室可不是你脱裤子检查的好地方。'

"所以在军营里面，所有的事情都是公平游戏。打趣调侃也都是纯目的性的。这是培养心理免疫能力的有效方式。它就像疫苗一样，万一你被俘，你就能应付自如。如果你明白我的意思，你就知道这种看似错误的做

---

① 哈罗斯（Harrods），英国著名百货商店。

法是正确的。还有，你也知道，没有什么比故意激怒别人更好的方法了，不是吗？"

是的，我也觉得没有什么是比故意激怒别人更好的训练方法。但是精神上的强硬并不是特种兵和精神病态者唯一的共同点。

他们什么都不怕。

几年前一个美妙的上午，在悉尼邦迪海滩一万两千英尺的高空，我第一次尝试自由跳伞。前一天晚上，我莫名其妙地害怕起来，于是给安迪发了一条短信，问他有什么好的建议。

"睁大眼睛，闭紧屁眼。"他这么回复我。

"我以前就这样跳过伞。不过我当时跳伞是在夜间，而且是在战场上。我跳伞的高度是你跳伞高度的两倍，而且还随身带着200磅的装备，跟一般的跳伞完全是两回事。

"如果这还不够刺激的话，跳伞中还有戏弄打闹呢。即便是在三万英尺的高空，我们相互捉弄的兴趣也丝毫不减。"

"我们习惯找乐子，"安迪回忆道，"打发时间嘛。你想象一下，我们把装备丢下去，然后看自己能不能抓住。或者在降落过程中从背后抓住对方，给他来个熊抱，吓唬他，然后看谁能第一个摆脱对方，打开降落伞。真是其乐无穷。"

但是杀人就没有这么有趣了。我问安迪，他有没有对自己以前做的事情感到后悔。他曾经在世界各地执行过无数秘密任务，杀人无数。

"没有，"他冷冰冰地回答道，那双淡蓝色的眼睛没有流露出一丝情感，"你根本不用多想。当你处于危险境地时，最主要的目标就是抢在对方之前扣动扳机，然后完事直接走人。就这么简单。干吗要傻站在那里思考自己刚才做了什么呢？赶快走人，要知道，下一秒你的脑袋可能就会被子弹打穿。

"军队的口号是'狭路相逢勇者胜'。不过有时候，你可以把话说得更简单点，那就是'去他妈的'！"

异类的天赋
天才、疯子和内向人格的
成功密码

The Wisdom
of Psychopaths

130

超然心态的凝聚力

不难想象，这种精神状态，这种问心无愧的淡定心态是怎么在特定情况下产生的——在某些时候，这种心态能让人免于灾难。科林·罗杰斯是安迪的战友，他曾是英国皇家特种空勤团突击队成员，在1980年的"宁禄行动"[①]中，他曾轻轻敲打伊朗驻伦敦大使馆的窗户，跟他老战友的心态一样。从废墟中拉出一个恐怖分子，秘密爆破行动留下的大火和碎石瓦砾，这些都不是特种部队士兵要过多考虑的事情——特别是在这个时候，你的肩上还挂着一挺射击误差只有几毫米的HK-MP5冲锋枪。寻找一个没有障碍的射击点，然后冲过去。集中注意力，保持冷静，镇定地扣下扳机。来不得半点犹豫。

这里面的诀窍就在于"防火"。不仅要在最危急的关头表现出来，而且在整个过程中都要表现自如。这就要求你不要激动，心态要平静。

"你进入兴奋状态了，是的，你进入状态了，"科林说，"这是你多年来，每天训练六七个小时的结果。这跟驾驶差不多。没有任何两段路程是完全一样的，但是在大多数路况下你可以顺利行驶，你可以自如地应对路况。你运用自己的判断，但这也是训练的结果。如果你没有亲身经历过，你也很难解释。你似乎对周围的一切都更加警觉。但与此同时，在某种程度上你就好像置身事外，跟电影观众一样，看着自己正在做的事情在银幕中上演。"

他是对的，不仅在冲进大使馆的时候是这样。想起前文中外科神经医师的话了吗？"这种中毒不是让你感觉更迟钝，而是更敏锐。这是一种在痛苦的手术开始之前先入为主的心态。"事实上，在所有危机事件中，最有可能成功的人往往是那些能够保持冷静的人。他们既能应对突发情况，同时又能保持必要的超然态度。

请看一下我采访美国特种部队教官的采访稿。我向教官询问了新兵在经

---

① 宁禄行动，英国皇家特种空勤团对占据伊朗驻英国大使馆并劫持人质的阿拉伯恐怖分子发动的突袭营救行动。

过全世界最严格的身体和心理素质测试过程、加入海军海豹突击队①后，身上所具备的素质。

　　为了击垮他，我们采用了各种办法。说句实话，我们对他比对别人都更狠一些。这对我们来说也是挑战。虽然我们内心深处知道，他能够经受住我们的考验。他11岁成为孤儿，但从此走上犯罪道路——用自己的小聪明养活弟弟和妹妹。偷、抢、骗，什么非法的勾当他都干。16岁那年，他下手太重，把人打昏了，因此进了警察局。

　　白噪声、剥夺睡眠、感觉剥夺、断水、压力姿势②……我们把所有的招数都用到他身上。48小时后，我把他的眼罩取下来，把脸凑到离他只有几英寸的地方，冲他吼道："你有什么话想对我说吗？"

　　我觉得有点惊讶，其实是失望，因为这个家伙跟铁打的一样。到了这个阶段，我们愿意让他通过测试——他表示同意。他有些话想说。

　　"想说什么？"我问道。

　　"哥们，你吃的蒜太多了，以后少吃点。"他说。

　　在15年的教官生涯中，那是我唯一一次放松神经。就在那一秒，一闪而过的瞬间，我竟然笑了。我情不自禁地笑了。我开始有点欣赏这个家伙了。你知道吗？就在那难受至极的状态下，这个家伙竟然捕捉到了我那一瞬间的微笑。

　　他竟然看到了！

　　他把我叫回去，凑到跟前，用一种奇怪的眼神看着我。我不知

---

① 击毙本·拉登的就是美国海军海豹突击队。

② 压力姿势（Stress positions）：让囚犯伸直腿向前或跪着，双手铐在头顶上，身体后仰45度，长时间不准动。

异类的天赋
天才、疯子和内向人格的
成功密码

The Wisdom
of Psychopaths

132

道是不是挑衅。

"游戏结束，"他对着我的耳朵轻声说道，"你输了。"

什么？我还想跟他说他输了呢！就在这时，我才发现他就是我们所说的"金刚不坏"。强悍者里面最强悍的人……

但他是个冷血的恶棍。我不知道他有没有半点良知，反正我从来没有看到过。他和冰霜一样冷酷，他是彻头彻尾的冷血动物。但在我们这一行，拥有这种性格未必不是好事。

实验室里的安迪

安迪说话算数，经过长途跋涉，在12月一个酷寒的早上来到了埃塞克斯大学的大脑科学研究中心。我们在门口见到一个男人，在接下来的几个小时里，我们将接受他的折磨。尼克·库珀（Nick Cooper）博士是世界上支持经颅磁刺激技术的领军人物之一。从他那天早上的表情来看，你很可能会以为他大多数的研究都是拿自己做实验的。

尼克把我们带进实验室。首先映入我们眼帘的是两张并排放着的高靠背皮椅子。椅子旁边是世界上最大的工业卷纸筒。我知道这些手纸的作用：清理脑电图扫描仪电极上多余的电导凝胶。再过一分钟，尼克就会把脑电图扫描仪的电极安上去，收集我们大脑的深层信号。而安迪却摸不着头脑，还在胡乱猜想。

"天哪，"他指着这卷超大号的卷纸说，"卫生纸要是有这么大卷的话，那我现在就要出去！"

尼克把我们带到椅子边上，让我们坐下，并把我们固定好。他往我们身上接上线，连接到心率测试仪、脑电图扫描仪和皮电反应测试仪上。皮电反应测试仪用来测试皮电活动变化对压力水平的影响。等他弄完之后，我们俩就跟被装进了大接线盒里一样。我感觉头皮上晶体管上的凝胶有点凉，但是安迪并没有抱怨。他终于搞明白那个超大号卷纸是用来干什么的了。

在我们正前方，离我们大约10英尺的墙上，有一个大屏幕。尼克打开开关，屏幕就亮起来了。接着，他穿上白大褂。房间里飘荡着音乐。一道柔和光滑的光线出现在我们面前，就像湖面朦胧的波纹一样。

"该死的，"安迪说，"这跟尿不湿广告差不多。"

"好了，"尼克说，"你们听好了。现在，在这个屏幕上，你们将会看到一幅平静安详的图像，而且还配有让人放松的轻音乐。这样我们就可以确立心理测试状况的基准线，以便测量你们稍后的心理变化。

"但是，在接下来的60秒钟之内，屏幕会发生变化，将会出现一些完全不同的图像。这些图像将会非常暴力，甚至有点恶心。同时，这些图像特别生动形象，且令人不安。

"当观看这些图像的时候，你们的心率变化、皮电活动和脑电波活动都会被实时监控，与现在平和的情况进行比较。你们还有什么问题吗？"

我和安迪都摇摇头。

"心情还好吗？"

我们点点头。

"好吧，"尼克说，"那我可就开始播放图像了。"

他消失到我们后面，我和安迪高兴地沉浸在 "尿不湿广告"里。后来的结果显示，在等待图像变化的这段时间，我和安迪的心理测试结果十分接近。在等待未知情况发生的时候，我们的心跳速率都远远高于正常休息时的水平。

但是当尼克拉动杠杆或者其他什么启动屏幕图像变化的开关时，安迪的大脑马上开启了一个"屏蔽"开关。

作为一名冷酷无情的英国皇家特种空勤团勇士，安迪的素质马上就开始发挥作用了。

我们看到屏幕上出现了生动形象的肢解、断肢、酷刑和斩首画面。安迪后来承认说，他当时甚至能够"嗅到"血腥的味道：一种浓稠的甜味，一种你永远、永远也不可能忘记的味道。伴随这些血腥画面的，不再是先前柔和的轻音乐，而是刺耳的轰鸣和恼人的白噪音。安迪的心理测试数据开始回落，心跳开始放慢，皮电反应活动频率也开始回落，脑电波也迅速减弱。

异类的天赋
天才、疯子和内向人格的
成功密码

The Wisdom
of Psychopaths

134

实际上，图像播放完之后，安迪的三项心理测试结果都低于开始时的基准水平。

尼克从来没有见过这种情况。"他好像准备好应对这些血腥的画面了，"他说，"然后，等到这些图像出现的时候，他的大脑突然就开始往血管里注入液氮，形成一个神经隔离层，消除了所有过激的情感。这些极端残忍的影像突然被锁死，像中了红色代码病毒，进入休眠状态。"

他摇摇头，一脸困惑。"要不是亲自记录下测量数据，我都不敢相信。我以前从来没有测试过特种兵，所以我想，他的反应可能会有点弱。但是这个家伙竟能控制自如。虽然对实验很投入，但是他却丝毫不受影响。"

这跟黑尔之前的发现一样：这些数据太反常了，你不得不怀疑这是不是人的测试结果。

而我的心理测试数据差点爆表。在等待血腥画面开始的时候，我的测试数据跟安迪的测试数据一模一样，远远高于基准线。但是，当屏幕上的画面越来越血腥的时候，我的测试数据呈直线飙升。

"这起码说明设备运转正常，"尼克说，"你是个正常人。"

我们看着安迪，他正在跟测试仪边上尼克门下的几个博士生聊天。天知道这个家伙是什么做成的。他们刚刚分析了他的数据——电极凝胶在他的头发上留下了痕迹，使他看起来好像风洞里①的唐·金②。

而我，却仍然对刚才的图像感到惊魂未定。我觉得恶心、紧张不安，甚至脚都有点站不稳了。或许就像尼克说的，我在雷达屏幕上显示为正常，指针的刻度盘证明我是正常人。但是，我和安迪实验结果上的差别让我感到难堪。我的脑电波图跟纽约的天际线差不多——鳞次栉比的大楼此起彼伏，一派现代都市风光；安迪的脑电波图则像是印度洋海岛中部经过修剪的美丽的高尔夫球场，走势低平，而且还莫名其妙地对称。

---

① 风洞（wind tunnel），是能人工产生和控制气流，以模拟飞行器或物体周围气体的流动，并可量度气流对物体的作用以及观察物理现象的一种管道状实验设备，它是进行空气动力实验最常用、最有效的工具。

② 唐·金（Don King），当今全球最成功、最有影响力的职业拳击推广人。

"您很好奇，不是吗？"我转身跟尼克说，"真正的正常情况是什么样的？"

他耸耸肩，重新设定计算机。

"没准你马上就会发现。"他说。

精神病态改造实验

实验结束后，无精打采的安迪往一家豪华的乡间酒店走去——稍后我将跟他一起在那家酒店里听取测试结果报告。但是在此之前，我还要再经受一遍实验的折磨，这是实验的第二阶段。在这一阶段，我要先接受经颅磁刺激，完成"精神病改造"，然后再次接受暴行、杀戮和鲜血的刺激。

"精神病改造的效果是可以慢慢消退的，对吧？"安迪笑着把头发抚平，"酒店里的人可不想看到两个精神病态者同时出现在酒吧里。"

"经颅磁刺激的效果将在半小时内消退，"尼克一边说一边把我带到一个专门的牙医椅子上。这张椅子带有靠头和托住下巴的设计，而且还有固定头部的皮带，"把经颅磁刺激想象成电磁木梳，它在梳头的时候，还能梳理脑细胞和神经元。经颅磁刺激只是把'头发'往一个特定的方向梳，梳成一个暂时的'神经性发型'。这个发型跟其他新发型一样，你要是不保持的话，它很快就会回到自然状态。"

我开始出现幻觉。这到底是哪里呀？是实验室还是美发店？

尼克让我坐在一张看起来有点诡异的椅子上，拍拍我的肩膀，我觉得有点头皮发麻。等尼克把我固定到椅子上，我看起来就像是《沉默的羔羊》里的汉尼拔·莱克特。尼克把经颅磁刺激线圈放到我的颅骨中部，这些线圈看起来就像大剪刀的把手。接着，他启动了机器。

我马上就感觉自己脑袋里面好像钻进去了一个小人，他抡着斧头不断地凿。我并不感觉很疼，但我就是不想让他这么凿下去——不想让这个小人就这样在我的神经矿井里凿。

异类的天赋
天才、疯子和内向人格的
成功密码

The Wisdom
of Psychopaths

136

"这是穿过你三叉神经的电磁刺激，"尼克解释说，"这是一种控制你面目感官和一些运动功能的神经，控制你咬东西、咀嚼和吞咽。你可以感觉到这种刺激穿过你的后槽牙，是不是？"

我点了点头。

"我现在真正想要找的，"他接着说，"是那块专门控制你右手小拇指的运动的大脑皮层区域。确定了这块区域之后，我们就可以将它作为'大本营'，在这个基础上绘制我们情感区的大脑区域坐标图，然后找到你的杏仁核和大脑皮层中的道德推理区域。"

"嗯，你最好赶快弄，"我说道，"再让我这样待久一点，我就勒死你这个家伙！"

尼克笑笑。

"哎呀，"他说，"刺激肯定已经在发挥作用了。"

大约20秒后，我右手的小拇指不由自主地抽搐起来。一开始很弱，后来逐渐加强。没过多久，它就猛烈地抽动起来。这种感觉真不舒服——在一个昏暗的小房间里，我被绑在一张椅子上，无法控制自己身体的反应。我有种毛骨悚然的感觉，同时又感到屈辱，脑子里一片混乱……这有点像给一个拥有完全自由意志的人吃镇静剂，但是量又不够。我唯一的希望就是尼克没有心情要我玩，要知道，在他手里的操纵设备的指挥下，他让我在实验室里做后空翻我也会乖乖听话的。

"好了，"他说，"我们现在找到我们想要确定的区域了。来吧，咱们开始吧。"

当尼克把他那古怪的神经魔杖放到我头顶的磁场中时，我的小拇指就停止了抽动。一小会儿之后，我的前额叶皮层与右边颞顶的交会处受到电磁刺激。经颅磁刺激的穿透力不是很强，无法直接影响人类的情感与道德推理区域。但是通过压抑或者刺激与这些区域有关的大脑皮层，经颅磁刺激可以对大脑造成更深层的穿透性影响。

没过多久，我就开始注意到变化了：一种更加模糊、更加无法抗拒、更加真实的不同。在实验开始之前，我很好奇时间问题：我需要多长时间才能感觉到电磁刺激呢？现在，我知道答案了：10~15分钟。我想，大多数人用这么长的时间喝一杯啤酒或者葡萄酒也能有点微醺。

电磁刺激的效果也不是完全陌生的。一种自在随意的自信上来了。心理压抑开始神秘地消失。主观道德开始动摇。一种古怪的精神意识不断地侵蚀着我：妈的，管他呢，谁在乎啊？

但是，这种感觉跟其他感觉有一个明显的不同之处。它跟喝酒后的感觉相比，有一种明显的、确切无疑的区别：大脑不像饮酒之后那样迟钝。经过电磁刺激后，人脑的注意力和敏锐度不变——实际上，我甚至觉得有点增强。这是一种前所未有的敏锐意识。是的，在道德感被迷醉后，我失去了良知。在经过六次经颅磁刺激后，我的焦虑感也没有了。但与此同时，我的全部感官好像经受了阳光的彻底洗涤，我的灵魂沉浸在一种精神的洗涤中。

我暗自思忖，精神病态者的心理状态就跟我现在一样吧。现在我正透过吉尔摩的眼睛观察世界。在观察生活时，你知道自己不管说什么、做什么，罪恶、自责、廉耻、怜悯、恐惧，这些每天都在影响我们的熟悉感觉再也没有了。

我脑海中灵光一现。**我们谈论性别、阶级、种族、智慧和贪欲，但是人与人之间最根本的区别肯定是有没有良知。当人们拥有一切的时候，唯一被遗忘的就是良知。如果一个人铁石心肠，没有道德底线，看到别人痛苦尖叫的时候，他连眼睛都不眨一下，那么，纵使拥有一切又怎样呢？**

更要紧的是，这种暂时性的精神病态改造会不会让我变得比安迪·麦克纳布更加冷酷无情呢？

我回到椅子上，重新缠上刚才用过的线圈，伴着刚才的噪声看屏幕。我又把之前的恐怖图片看了一遍——为了达到初次观看时的效果，屏幕上的图像做了些调整。但是，这次的结果完全不同。

我刚才看这些图像的时候感到恶心，但说句老实话，这次看的时候，我竟然情不自禁地笑了。

异类的天赋
天才、疯子和内向人格的
成功密码

The Wisdom
of Psychopaths

138

测试仪器的指针和曲线印证了我的心声。在刚才的实验中，我的心理活动指针竟然没有夸张地偏移，脑电波显示仪竟然没有爆炸起火。在经过"精神病态改造"后，我的大脑活动大大降低了，虽然没有安迪的测试曲线那么平稳，但确实也够波澜不惊了。乍一看过去，它不像鳞次栉比的公寓楼了。

心率和皮电反应的显示结果也差不多。实际上，在皮电反应测试数据上，我已经超过了安迪的测试结果。

"这是权威的吗？"看数据时，我问尼克，"我是不是可以正式宣布，我比安迪·麦克纳布更加冷酷？"

尼克耸耸肩。"我觉得，"他说，"不管怎样，现在是这样的。但是你最好充分利用这一段时间。你这种状态最多保持15分钟。"

我摇摇头。我感到身上那种神奇的力量已经开始消退了。电磁魔力开始慢慢消退。比如，我现在的忧虑感就比刚才强烈得多。我现在也越来越没有胆量走到尼克的研究生助理那里，请她出去喝酒了。相反，我跟尼克一起走到学生酒吧，打破了之前玩GT赛车①的最佳纪录。但是这有什么意义呢？不过是一场游戏罢了。

"我现在还不想坐你开的车，"尼克说，"你显然还有点飘飘然。"

虽然没有在实验室里的感觉好，也并不觉得自己"无所不能"，但现在这种难以名状的感觉非常棒。生活充满了无限可能，我有种豁然开朗的感觉。这个周末，我能不能不勉为其难地到都柏林帮老婆把岳母送到养老院？为什么不溜到格拉斯哥参加哥们的周末聚会？我为什么不能干些违背常理的事情？管别人怎么想呢！我的意思是说，事情能够坏到哪里去呀？明年的这个时候，甚至下个星期的这个时候，谁还记得啊？

狭路相逢勇者胜，不是吗？

我从旁边的桌上偷偷拿走两英镑，这也许是别人留下的小费，管他呢。然后我拿着这两英镑去两台赌博机上碰碰运气。我在"谁想成为百万富翁"

---

① GT赛车是一种流行的模拟赛车电动游戏。

（Who Wants to Be a Millionaire）①里获得了赢得64 000英镑的机会，但是因为拒绝跟搭档分摊，最终彻底失败。

如果你之前玩过这款游戏的话，你肯定能做得更好。我认为《美国精神病人》（*American Psycho*）的拍摄地点是洛杉矶，虽然尼克还有点不确定，但我还是毫不犹豫地按下了按钮。

答案应该是纽约。

"我还以为你能拿到这份奖金呢。"他笑着说。

接着情况就开始转变，而且转变得特别突然。第二场GT赛车玩得很失败。我一下子变得畏首畏尾起来，还没有开到终点就输掉了。不仅如此，我注意到墙角的监视器，想到自己刚才偷的两英镑小费。为了安全起见，我决定把偷的钱放回去。

尼克看看手表。我知道要发生什么事情——他不需要告诉我。

"现在还比麦克纳布冷酷吗？"

我笑笑，将啤酒一饮而尽。但这就是精神病态者的方式：他们从来不会在某个地方待很久。只要聚会结束，他们就会走向另一场聚会——不怎么考虑未来，更不在乎过去。

我想我这个精神病态者——之前20分钟里的我，也不例外。他刚才很开心，免费喝了一杯酒。但是，现在实验已经结束，他开心地上路了：出发向城外走去。

还好，我与精神病态者还有一段很长的距离。

我当然不想看到"他"出现在我待会儿要跟安迪会面的酒吧。这"两个"精神病态者也许相处得很融洽，也许水火不容。

说句老实话，我不知道这两种情况哪种更吓人。

---

① 一款根据美国同名电视节目改编的休闲益智游戏，游戏以电视智力问答的方式，让玩家体验一把做百万富翁的干瘾。

Six

第六章

取得成功的七个

（精神法宝）

Sentiment is a chemical aberration found on
the losing side.
只有失败者才会感情用事。
——夏洛克·福尔摩斯（Sherlock Holmes）

异类的天赋
天才、疯子和内向人格的
成功密码

The Wisdom
of Psychopaths

142

跨越边界

有这样一个笑话：想进布罗德莫尔精神病院容易，想出去难。当然事实并非如此。

走进大厅后，当我将装着手提电脑、手机、钢笔，还有我最信赖的物件格洛克17式手枪的公文包寄存到有机玻璃锁柜时，前台小姐大声问我："里面有什么危险物品吗？"

"有我的聪明才智。"奥斯卡·王尔德[1]曾经对一名海关人员这样说过，我模仿他的语气说道。

不过，看起来这位前台小姐对我和奥斯卡·王尔德都不怎么感兴趣。

"你那点聪明才智还远远不够，小伙子，"前台小姐毫不示弱，"现在把你的左手食指按在这儿，然后抬头看摄像头。"

一旦你通过了布罗德莫尔精神病院的入院检查，就马上会有人带你进入一个封闭的狭小空间，这个临时的玻璃小屋连接着医院大楼和前台。这时，前台就会通知你要见的人，然后带他过来见你。

接下来就是焦灼的等待，还有对小房间的幽闭恐惧。我打开一本杂志，

---

① 奥斯卡·王尔德（Oscar Wilde），英国著名文豪，19世纪最负盛名的剧作家。

随手翻了翻，想了想自己为什么来这里——事情源于我在开展英国精神病态者大调查后收到的一封邮件。那项调查很特别，它是首次在全国范围内对上班族的精神病情况进行调查。参与调查的人登录我的网站，然后在线完成精神病评估量表《利文森自评量表》，电脑当场就会计算出得分。

但是整个调查不仅包括在线测试，被调查者还需要输入自己详细的就业信息。我很想知道，在英国究竟哪种职业精神病最为普遍，哪种职业精神病态者最少。表6.1列出了调查结果，看起来很有趣，特别是对那些周末要参加一两场布道的人而言。

表6.1　英国精神病态者在职业中的分布情况

精神病态者最多	精神病态者最少
1. 首席执行官	1. 物业管理员
2. 律师	2. 护士
3. 媒体工作者（电视／广播）	3. 心理医生
4. 销售员	4. 手艺人
5. 外科医生	5. 美容师／造型师
6. 记者	6. 慈善工作者
7. 警察	7. 教师
8. 牧师	8. 艺术家
9. 厨师	9. 普通医生
10. 公务员	10. 会计师

两星期后，我收到一位受访者发来的一封邮件。他是一名职业律师。实际上，他可以算是英国最优秀的律师之一，他的成就引起了很大关注。但是，对于他而言，这些成就根本就不算什么。

"很小的时候，我就意识到自己看待事情的方式跟别人不一样，"他写道，"但是，这种不同的角度在大多数情况下帮了我的忙。精神病（如果你喜欢这么说的话）就好像现代社会的一味药，如果你适量摄取，它将对你大有裨益。因为我们脆弱的心理免疫系统不能为我们提供完整的庇护，而精神病可以帮助我们减轻许多现实的痛苦。但是如果你摄取过多，用量过度，那

异类的天赋
天才、疯子和内向人格的
成功密码

The Wisdom
of Psychopaths

144

么跟其他药物一样，它会造成很多令人不快的副作用。"

这封邮件引发了我的思考。这位声名卓著的刑事辩护律师说的有没有道理呢？精神病是不是"现代社会的一味药"呢？在某些特殊事件中，在某些特定情况下，适量摄取，在对应的精神病操作盘上适当地拨动指针，是不是真的对我们有益？

这种可能性很有意思，而且让人感觉很有道理。我们先来看一看这些指针：无情、魅力非凡、专注、坚忍、无所畏惧、活在当下和执行力。在人生的某个阶段，稍微调高这些指针，谁不会从中获益呢？不过，重要的是你要能把它们调回来。

我决定用实验检验这一理论。也许我并不能推翻它，但至少能给它有力的一击。接着，我访问了几家医院，采访了一些同行。但如果我自己去病房看看，结果会怎么样呢？如果我除了访问医生之外，再找几个病人聊聊，结果会怎么样呢？我去找精神病态者，问他们一些日常生活中的问题和他们在酒馆里的唠叨，他们会做何反应呢？到目前为止，这个想法看起来还不错。

"达顿教授？"我的思绪被打断，抬头看到一个金头发的家伙，他三十五六岁，站在门前左右打量着我，"嘿，我是理查德·布拉克，帕多克中心的一名主管。欢迎来到布罗德莫尔！我带您四处看看？"

我们出发了，在弥漫着药味、迷宫般错综复杂的医院里穿梭。我们穿过一个个相互连通的走廊和空荡荡的前厅，这些前厅就跟我们出发的地方一样，理查德管这种地方叫"安全气泡"——布罗德莫尔的黄金法则就是，在确定屋里的人是被锁着的之前，绝对不要打开任何一扇门。接着他又向我讲了一些细节，说了说我们要去的地方。

帕多克是一家高度专业化的封闭式精神障碍治疗中心，里面有六人间病房和十二人间病房。在这儿住院的病人中有20%可以被称为"纯粹"的精神病态者，这些病人被关在两个专门的病房区，即危险级与严重级人格障碍患者病房区，进行单独治疗，接受对其病情的持续评估。其他病人被称为普通精神障碍患者——根据《病态人格检测表》诊断，他们的精神病症状较为严重，比如在某些特殊情况下出现错觉和幻觉。他们有医学上重要的精神病特征，同时伴有其他明显的人格障碍，比如精神失常、多疑和自恋等。

我突然意识到我将要进入的地方并不是忧国忧民的健康人端着摩卡细细品味的地方，而是一个神秘的、没有良知可言的巢穴，待在里面的是一些痛饮意大利红酒的人，一群无忧无虑的病人——这个巢穴里密封着精神病院里最邪恶的神经化学物质。在这里，人的脑袋有时候很有可能被架到刀刃上。"约克郡屠夫"①在这里，"斯托克韦尔扼杀者"②也在这里。这个精神障碍治疗中心是全世界最危险的地方之一。

"呃，我会安然无恙的，不会发生什么事吧，理查德？"我轻声问道。这时候，我们左边突然出现了一个宽大的户外封闭空间，空间顶部密布着带刺的铁丝网。

他咧嘴笑了笑，说："不会有事的。实际上，危险级与严重级人格障碍患者病房区的麻烦相对较少。精神病态者的暴力表现是我们评估精神病症状的主要参考。也就是说，在这里，精神病态者的暴力在很大程度上是可控的。而且，就算发生突发情况，我们也很容易控制局面。反倒是普通精神病态者的情况更加难以预料。

"实际上，跟其他人格障碍相比，精神病更好应付。由于某种原因，精神病态者比边缘型人格障碍患者和偏执狂等更善于处理日常事务。这也许是因为他们不那么容易感到无聊，他们喜欢给自己找乐子。"

走近住院病人

"我们是邪恶的精英，不要神化我们，但也不要走另一个极端，不要丑

---

① "约克郡屠夫"（The Yorkshire Ripper），原名皮特·撒特克里（Peter Sutcliffe），憎恨妓女，因此只针对她们进行疯狂大屠杀。他的杀人方式非常残忍，他会先以铁锤猛敲被害者的头部，再用锋利的螺丝刀狂插她们的胸部和腹部，之后再施以拳打脚踢。

② 斯托克韦尔扼杀者（The Stockwell Strangler），即英国连环杀手肯尼斯·厄斯金（Kenneth Erskine），他于1986年前后在斯托克韦尔地区连续犯下数桩杀人案件。

异类的天赋

天才、疯子和内向人格的
成功密码

The Wisdom
of Psychopaths

146

化我们。"此时，我在精神病院病房里陪着一群精神病态者看足球比赛，丹尼对我说。

病房里的气氛跟我想象中的不一样。一开始我还以为这是设备齐全的学生宿舍。房间里的家具用的都是光亮的金黄色木料。病房内光线明亮。我发现里面还有一张台球桌，上面竟然还放着一套被褥，想着要是我能把今天的火车票退了就好了。

拉里是个头发花白、长着络腮胡子的胖子，他穿着一件织有费尔岛图案①的花毛衣和一条宽松的卡其色弹力裤，看起来就是深受大家欢迎的知心叔叔——但是你要是想晚上出去的话，还不如让希律王②来帮你看孩子呢。他冲我使了个眼色，说明他不想看足球比赛了。

"你相信吗，"他边说边跟我握手，用他那如月光一样迷蒙的眼睛盯着我，"他们说我是布罗德莫尔精神病院最危险的人之一。但是，我保证不会杀你。来吧，让我带你四处看看。"

拉里把我带到病房区最里面的一个角落。我们停下来看他的房间。他的房间跟你在任何一家医院看到的单人病房差不多，只是多了一些摆设。比如他的房间里有一台电脑、一张书桌，床头还有一个书架，上面放满了书籍和文件。

也许他察觉到了我的好奇，所以凑近了一些。"我已经在这里住了20年，"他对我耳语道，"这么长的时间……"他清了清嗓子，诡异地笑了，"人生一共有多少时间呀……"

我们接着走到花园里。这是一个凹陷的露天场所，四周围着灰砖，跟一个网球场差不多大，针叶植物和长椅点缀其间。拉里的评论是："20年了，这个花园都没有什么变化，很单调。"

---

① 费尔岛位于苏格兰北部，岛上冬季气候湿冷，妇女们喜欢编织提花图案。1921年，英国爱德华八世身穿一款费尔岛图案毛衣的照片，使费尔岛的提花毛衣成为经典英伦风格。这种风格是北欧风格的一种，风靡世界近一个世纪。

② 罗马帝国在犹太行省耶路撒冷的代理王，以残暴闻名，曾下令杀死自己的三个儿子，所以史书上有一种说法："当希律王的猪都比当他的儿子好。"

他说得对。我们接着向病房区的另一端走去，顺便拐到了杰米的房间。

"这个家伙是从剑桥大学毕业的，"拉里说，"现在正在写一本关于我们的书。"

杰米起身到门口拦住我们，他婉拒我们访问他的房间，他想跟我一起再走一遍我们刚刚走过的路。我们只好照办。但这次走得很快，不一会儿我们又回到了病房区的僻静处。通过交流，我发现杰米和拉里是两个完全不一样的人。他身材魁梧，身高将近一米九，光头，深蓝色的眼睛锐利有神。他看起来很像那种极端暴力的孤僻杀手，阴郁、邪恶、充满仇恨。他穿着一件伐木工人式的格子衬衫，刮过胡子的脸看起来像铁球一样，让人觉得很不舒服。

"这本书写的是什么？"他用伦敦腔咆哮道，跟流氓恶棍差不多，而后他又走到门口，双臂交叉，左手紧握着拳头支撑着下巴，"应该是一些老掉牙的警告。把我们锁起来，然后把钥匙丢掉。你也不知道这种故事有时候听起来是否可信。还有，我能不能加一句，危险性高？他是不是危险人物，拉里？"

拉里竟然夸张地大笑起来，就像莎士比亚戏剧里的人物表达苦恼一样，还双手捶胸。这个时候，杰米竟然假装擦拭眼泪。

太好了。我来这里就是为了这个。面临不断出现的困难时，也许我们每个人都能学着玩世不恭一些。

"你知道吗，杰米，"我说，"我也想写一本书，但我的想法正好与你相反。我觉得你们可以教给我们一些东西。你们的某种精神状态值得我们学习，当然，我是指适度地学习。这很重要。就跟刚才一样，你毫不在乎别人的看法，耸耸肩一笑了之。在日常生活中，如果人们能有一点这样的心态，他们将会受益良多。"

杰米见我要向他征求意见，似乎觉得很好笑。精神病态者看待事物的这种极端的角度，有可能帮助我们解决日常生活中遇到的难题。但是，他仍然有点放心不下。

"你的意思是不是说，我和这里的'博尔德赛义船长'（Captain

异类的天赋
天才、疯子和内向人格的
成功密码

The Wisdom
of Psychopaths

148

Birdseye）^①拥有过多好品质了？"他冷笑道，"汽车是无罪的，要怪就怪司机开得太快了？"

这是个有趣的类比。

"有点这个意思，"我说，"你有没有兴趣把脚从油门上拿开一会儿，让车停一会儿？"

杰米眯着眼睛。"我不会为任何人停车的，"他喊道，"如果你想搭车的话，跳上来吧。"

我们回到刚才出发的地方，也就是病房区的另一端。足球比赛仍在进行。

"我看他还没有杀你，"丹尼轻描淡写地说道，迅速地往"博尔德赛义船长"扫了一眼，"拉里，你上了岁数，心也变软了吗？"

我笑了，心里有点发毛，感到焦躁不安。但是拉里还是一副一本正经的模样。

"嘿，"他义正词严地说，"先生，你还没明白吧，我刚才说过我不会杀你。你看，我的确没有杀你，不是吗？"

我这时候才明白，原来拉里刚才不是在吓唬我，可能是想在跟我交流的时候控制自己，表示自己跟外在形象所给人的感觉是不一样的。我一下子放松下来，想要一笑了之。但我不但远远没有达到自己的目的，反而把他激怒了。

"没有，我明白，拉里……"我高声说道，"……明白了。真的，非常感谢你。我非常感谢你。"

杰米笑了。很显然，他觉得有点好笑。但是现在除了我如履薄冰的样子，没有任何值得笑的地方。我差点就忘了，跟这些家伙在一起，什么事都有可能发生。这些家伙什么事情都干得出来。没有道德车闸，杏仁核像开足马力的引擎，车子很容易开出车道。

足球赛结束了。丹尼关掉电视，靠在椅子上。

"哦，一本书，是吗？"他说。

---

① 现代速冻食品行业先驱Clarence Birdseye开创的"鸟眼珍珠"（Birds Eye）速冻食品品牌的广告形象，此处应指杰米，是别人对他的一种谑称。

"是的，"我说，"我对你们解决问题的方式很感兴趣。"

丹尼用疑惑的眼神看着我。"什么样的问题？"他问。

"日常生活中的问题，"我说，"就是人们在日常生活中都会遇到的一些问题。"

我瞥了一眼拉里和杰米，说道："我能给你们举个例子吗？"

丹尼看看表。"说吧，"他叹了口气，"只要你能在五年之内说完就行。"

"我会尽量说得简短一些。"我说。接着，我跟他们讲了几个朋友准备卖掉自己房子的故事。

无情

怎样赶走不受欢迎的房客？唐和妻子弗兰现在就面临这样一个难题。最近，弗兰年迈的母亲弗洛突然搬到他们家住，老太太居住了47年的老房子用不着了，于是夫妻俩准备把它卖掉。房子在伦敦市区，地段优越，想要买的人很多。问题是，老房子的房客——一个老头子，听到这个消息后不怎么高兴，一点也没有收拾东西走人的意思。

唐和弗兰真是没有办法了。上一次，夫妻俩好不容易找到一个买主，就因为这个房客不愿意打包走人，他们只能眼睁睁地看着谈好的买卖泡汤。下次要是还这样，那栋房子就真难出手了。可是，到底怎样才能让那个讨厌的房客搬走呢？

"咱们应该不能使用暴力手段吧，"丹尼问道，"我说得对吗？"

"对，"我说道，"我们也不想看到那样的结果，对吧？"

丹尼朝我竖了竖中指。不过，这个问题暴露出在精神病态者心中，暴力是解决问题的唯一办法。

"你们觉得我这个想法怎么样？"杰米低声说道，"老太婆在她女婿家住，房客老头子一个人在家，对吗？然后你去他家门口，就说是委员会的，想跟房子的业主谈谈。他就会告诉你房主不在家。然后你就说没关系。不过，你要问他有没有房主的电话，因为你有急事要找她。

异类的天赋
天才、疯子和内向人格的
成功密码

The Wisdom
of Psychopaths

150

"这时他就变得好奇了。'出了什么事？'他警觉地问道，事实上他已经非常警惕了。你就说：'哦，我只是在例行测试石棉①浓度。你知道吗，这座房子里的石棉浓度太高了，切尔诺贝利核电站②跟这儿比起来，都得甘拜下风。我得马上联系到这座房子的业主，我们要做一个结构性检查。这座房子的住户必须赶快撤离，等委员会确认可以在这里安全居住后，才能继续入住。'

"这样一来，你就成功地骗到他了。如果幸运的话，还没等到你说'肺癌会致命的'这句话，老家伙就已经夺门而出了。我看，他前脚跑，你后脚就把门锁换了，那还挺好玩的。不过，还有个问题，他的行李还在房子里。不过没关系，只要搞个汽车后备厢市场③，问题就迎刃而解了。这样你还能从老家伙身上揩点油水，最起码换锁的钱是有了。

"我会选择既保险又安全的方法。哈，秘密又安全的方法这一说法应该更恰当！我想，这样就可以彻底摆脱那个令人讨厌的房客，而且他还会感谢你，觉得你救了他一命。"

杰米针对唐和弗兰家那个赖着不走的房客的解决方案很简单，聪明而且新奇，我甘拜下风。不过，我没有想出这么好的主意，当然有我的理由。我又不是精神病态者！我还真没想过要急着将房客赶出去，让他无家可归，流落街头。我压根就没动过这个念头。我更没想过拍卖他的东西来为换锁买单。然而，就像杰米说的，人生有时候就需要做"最好的选择"。有时候，为了得到你想要的，或者使事情有最好的结果，你就必须狠一点。

杰米觉得这样做是正确的：从客观角度来讲，这没有什么不道德的。

"为什么不把那个浑蛋赶出去？"他问，"你想一下，你在谈的是'做正确的事情'。但是从道德角度来看，哪种情况更糟？是好好收拾那些本来就欠揍的人，还是让无辜的人活受罪呢？如果你是一名拳击手，你会竭尽全

---

① 石棉纤维能引起石棉肺、胸膜间皮瘤等疾病，许多国家已全面禁止使用这种有害物质。

② 切尔诺贝利核电站，苏联最大的核电站，曾发生世界上最严重的核事故。

③ 汽车后备厢市场（car-boot sale），卖家把自己的汽车停在空地上，把货物直接放在汽车尾部的后备厢里，供人们选购。

力在最短的时间内击败对手，对吧？那么，为什么人们可以容忍体育运动中的无情，却不能容忍日常生活里的无情呢？两者有什么区别吗？

"很多人认为的美德其实不过是伪装的邪恶，这才是问题的关键所在。让一个人相信自己理智、文明，比让一个人相信自己软弱可欺更容易，难道不是吗？"

"好人晚上可以睡安稳觉，"乔治·奥威尔[①]曾经这样说，"因为粗暴的人随时准备为自己打抱不平。"

但是，如果连世界上最危险的精神病态者的话都可信，那么我们在睡觉的时候还是设置一个闹钟吧。

魅力与专注

对于唐和弗兰面临的房客难题，杰米提出的解决方案无疑显得无情。但是就像丹尼在最开始时说"咱们应该不能使用暴力手段吧"，这种无情不需要表现得特别明显。计划部署得越周密，无情的讲述者讲起来就越绘声绘色，你可能就越察觉不到不对劲的地方。此时，个人利益就像一把匕首，很有可能被巧妙地掩藏在一件不透光的、令人迷惑的魅力外衣之下。

毋庸讳言，精神病态者极具魅力，且有很强的专注力，"不达目的，誓不罢休"。这是一种很强大的力量——试想一下，如果把它实际应用起来，每个人都能从中获益。

莱斯利加入了我们的谈话，他的魅力让人难以抗拒："你要有能力铺开红地毯，让你不喜欢的人不由自主地跟随你，乖乖地往你想要他去的地方走。"

莱斯利长着一头整齐的金发，操着清脆的口音，不论是外表还是谈吐上，他都像个能干的人。"你想让别人怎么样别人就怎么样，"他说，"这

---

① 乔治·奥威尔（George Orwell，1903—1950），英国记者、小说家、散文家和评论家。乔治·奥威尔以敏锐的洞察力和犀利的文笔审视和记录他所生活的时代，做出了许多超越时代的预言，被称为"一代人的冷峻良知"。其代表作有《动物农场》和《一九八四》。

异类的天赋
天才、疯子和内向人格的
成功密码

The Wisdom
of Psychopaths

152

样一来，你自然就对别人有影响力了。"

莱斯利也是个不达目的誓不罢休的人，特别是当他在争取自己想要的东西时。在很小的时候，他就意识到自己的思维方式跟大多数人不一样——他利用这方面的意识，获得了许多势不可当的优势。

"当我还是小学生的时候，我就尽量避免跟别人打架斗殴，"他对我说，"我长大以后还是这样。我想这一点我跟杰米很像。"

杰米扬扬自得地笑了。

"你看，我很早就意识到，人们之所以找不到自己的方向，其实很多时候是因为他们不知道自己现在所走的路通往哪里。他们太沉迷于当下，有时就会偏离方向。就在这个时候，变化发生了。你的努力不是为了追求自己真正想追求的东西，而是在追求别人认为你想得到的东西。一切都是为了所谓的成功。

"杰米一分钟前提到拳击，我以前听到某个顶级拳击教练这样说过。他说，假如你听到比赛铃声后拼命冲向对手，一心想要把他打得不省人事，那么你很有可能被击倒。但是，如果你专注于赢得比赛，把注意力集中在自己的拳术上，那么你更有可能把对手打倒在地。"

我能理解莱斯利的话。我想起了几年前的一次遭遇——在那次遭遇中，报复和暴力很有可能势均力敌，但最后还是魅力和专注获胜。

戴·格里菲思身高一米八几，体重将近110公斤，绝对是个大块头。他在英国某个警察部门连续服役23年，在《精神病态特质量表》中的得分比他逮捕的很多人都要高，他深知自己是个什么样的人。

"在我们逮捕的这些人中，"他指着拘留所的关押室对我说，"百分之二十的人耗费了我们百分之八十的时间。"撇开其中有趣的数学计算，他的意思是，惯犯是一个很让他们头疼的问题。

惯犯里面有个人叫伊恩·克拉科内尔。

克拉科内尔可能就是你所认为的那种职业醉鬼。每到星期五或星期六晚上，他就会准时丢下光明美好的未来，跑到酒吧里。

他通常都喝一瓶杰克·丹尼①威士忌，然后不知还要喝多少啤酒。

喝完酒后，他就开始展示精彩绝伦的舞蹈。相比之下，《天鹅湖》简直就是土里土气的乡村舞。首先，克拉科内尔开始"发疯"。然后，一个精神病医生会被警察请过来检查他的精神状态。但是，精神病医生赶到的时候，克拉科内尔又表现得出人意料地正常。他依然是醉醺醺的，但是一点都不疯。看到这种情况，精神病医生就会离开，抱怨警察不称职，净耽误自己的时间，克拉科内尔却忍不住笑了。然后，他就被关进看守所，倒头就睡。这样的戏码一次又一次地重复上演。

克拉科内尔的问题似乎无法解决。怎样才能终止他这种无休止的思维游戏呢？与大多数惯犯一样，克拉科内尔的问题在于，他比其他人更了解这个游戏，知道怎么玩。这样一来，你就面临一个选择：抓或者不抓他。抓他，你就要承担被愤怒的精神病医生严厉责备的后果。

直到一天晚上，格里菲思想到了一个点子。他把克拉科内尔带到拘留室，和往常一样派人去请精神病医生，他自己则去了失物招领室。没过多久，他回来了，把自己打扮成一个小丑——头上戴着假发，脸上涂满胭脂，安了一个假鼻子，手上还拿着铃铛。

格里菲思问克拉科内尔早餐想吃点什么。

克拉科内尔当时就震惊了。以前就算运气好，别人也只会给他杯水喝，而且杯子还是塑料杯。现在受到这样贵宾式的待遇，他简直不敢相信。

"你想吃什么样的鸡蛋，"格里菲思接着问，"炒鸡蛋、荷包蛋、煎鸡蛋，还是煮鸡蛋？"

格里菲思就像酒店的大堂经理一样耐心细致，把克拉科内尔的每项要求都记录下来，甚至包括鲜榨的橙汁。然后他就走了。

十分钟后，格里菲思穿着警察制服回来了，带来一位值班的精神病医生。

"这次又有什么问题？"精神病医生问道。

---

① 杰克·丹尼（Jack Daniel's），美国著名威士忌品牌，以其方形酒瓶和黑色标签为主要特征。

异类的天赋

天才、疯子和内向人格的
成功密码

The Wisdom
of Psychopaths

154

克拉科内尔紧张起来。

"你要治疗的人不是我，"他结结巴巴地说，"是他！我知道你肯定不信，但是就在刚才，他穿着小丑的衣服，问我早餐想吃什么！"

精神病医生狐疑地瞥了一眼格里菲思，格里菲思一脸无辜地耸耸肩。

"看来我们这次真要好好治治你了。"他说。

相信我，千万不要跟格里菲思作对，他可不是好惹的。

很显然，格里菲思有很多手段可以整治克拉科内尔，轻而易举就能给他一顿教训。大家都知道，醉鬼经常发生"意外"，动不动就撞到什么东西上，旧伤未愈，又添新伤。格里菲思完全可以制造这样的"意外"，但他没有这么做。他采取了完全不同的方法，从根本上解决了这个问题。

富有魅力、专注和无情是精神病态者最明显的三种特征，如果同时具备这些特征，在问题出现的时候，就能一一将其攻破。这种观点并不新鲜。但是，如果你真的足够幸运，同时具备这三项特质，那么你很可能获得超乎寻常的、杰出的、长期的成功，史蒂夫·乔布斯就是典型的例子。

乔布斯去世不久，新闻记者约翰·阿利吉曾这样评价他："乔布斯之所以能够成为教主级人物，不仅仅是因为他专注、热情（据乔布斯之前的一位同事说，乔布斯身上散发着一种'无尽的炙热激情'）、追求完美、从不妥协、精力旺盛，所有成功的商界领袖都能做到这些，尽管他们高薪聘请的公关人员极力塑造他们清闲、悠然的生活，说得跟我们一般人没什么两样……"

乔布斯之所以能够成功，绝不仅仅因为这些。阿利吉指出，乔布斯极具魅力，富有远见。据科技作家沃尔特·莫斯伯格透露，即使在私人场合，乔布斯也会用布把产品蒙上——放在明亮的董事会办公桌上的崭新产品——然后给产品"揭幕"，颇有几分炫耀的意思。

苹果公司并不是世界上最伟大的技术创新型企业。实际上，它一点也算不上创新。相反，苹果公司最擅长改进别人的构思。苹果公司不是第一个开发出个人计算机的公司（是IBM），也不是最早开发出智能手机的公司（是诺

基亚）。事实上，苹果公司的创新之路一败涂地。还记得苹果公司开发的牛顿掌上电脑吗？还记得苹果公司的Power Mac G4 Cube吗？

但是乔布斯引领了潮流。他让人们领略到尖端科技超越时间的深邃魅力。客厅、办公室、工作室、电影制作室，随处可见苹果公司的产品。

坚毅

苹果公司在"统治世界"的道路上遭遇过种种挫折，事实上，在成立初期，苹果公司好几次都差点关门大吉。这也提醒我们，在人生道路上，挫折与磨难在所难免，没有人能够一帆风顺。就像莱昂纳德·科恩①在歌曲里唱的那样，每个人在某个时刻，都有可能被某个人"晾在地板上"。今天、明天或者将来某个"幸运"的时刻，你就会发现自己被"晾在地板上"。

---

① 莱昂纳德·科恩（Leonard Cohen），出生于加拿大小城蒙特利尔，早年以诗歌和小说在文坛成名，后来因机缘巧合进入民谣领域。

异类的天赋
天才、疯子和内向人格的
成功密码

The Wisdom
of Psychopaths

156

对于像杰米这样的精神病态者来说，影响其他人的事物对他们造不成任何影响。但是，对于能够影响他们的事物，他们也能够应付自如，比如命运不济、遭遇挫折。这种坚忍与超然，如果我们能够拥有，那该多好。

"当我们还是小孩子的时候，"杰米说道，"我们就喜欢竞争，比谁晚上出门被女孩子灌醉的次数最多，就像在'鸟眼珍珠'案例中一样，我们必须拓展自己的领域。"

拉里不知所措地看着我。

"不管怎么说，天亮之前被灌醉次数最多的家伙，第二天晚上出去就会有免费酒喝。

"当然，你希望自己被灌醉的次数越多越好。虽然同伴不大可能整晚照顾你，但其中也自有乐趣：当你开始有点收获的时候，要进一步成功就变得更难。一旦意识到自己获胜，你就开始变得骄傲自大，开始以一种无所不知的口气说话，有些人也就开始相信你的胡话了！"

无视阻碍，你便无往不利。

无畏

最早把无畏和坚毅这两种品质联系在一起的人并不是杰米和他的同伴。

根据林肯大学的李·克拉斯特和理查德·基根的研究，富有冒险精神的人在"坚毅"一项中的得分高于害怕冒险的人。在测试中，"挑战和尝试新事物"一项的得分是决定一个人是否具有冒险精神最主要的因素，信心指数的高低是决定冒险精神高低最主要的因素。而精神病态者这两方面的特质都很突出。

还记得上一章中安迪·麦克纳布的话吗？你知道自己很有可能在执行任务的时候被杀，或被敌军俘虏，你知道自己降落时很有可能会被外国海域的滔天巨浪吞没，但是，"去他妈的"，你还是会继续干你的。当特种兵就是这样。

特种部队的成员都既无畏又坚毅，这一点毋庸置疑。他们当中有很多人参加过我的测试，其结果都跟精神病态者差不多。英国皇家特种空勤团对新兵的筛选过程非常残酷，甚至有点不人道，筛选通常持续九个月，并只录用几个候选人。在这个严格的筛选过程中，教官要找的就是具备无畏和坚毅特质的人。

在采访过程中，一位在特种兵选拔中脱颖而出的士兵使我深受启发，他的讲述让我明白是怎样坚毅的内心区分出了男人和男孩。让我们看看最后脱颖而出的人具备怎样的心态和心理结构。

"真正无法承受的不是暴力，"他说，"而是来自暴力的威胁。这种隐约的担忧让你觉得有什么不好的事情即将发生，而且随时都有可能发生。"

接着，他给我讲了特种兵选拔过程中的一个具体场景，吓得我胆战心惊。

"到了这个时候，候选人已经筋疲力尽了。我们蒙上他的脑袋，在这之前，他最后看到的一件东西是一辆两吨重的卡车。我们让他躺在地上，听着卡车渐渐临近的声音。大约半分钟过后，卡车开到他的正上方——卡车发动机距离他的耳朵只有几英寸。我们让发动机猛地提速，然后司机跳出车了，甩手关上车门走开。过一小会儿，远处就会有人问手动车闸开了没有。这个时候，一个人轻轻地把备用轮胎推到那个躺着的人的太阳穴上，逐渐增加压力，而另一个人让卡车稍微加速，让人感觉卡车好像马上就要开动一样。这样折腾几秒钟后，我们把轮胎挪开，取下蒙在那个人头上的东西，然后把他暴打一顿……很多人在这个时候都会认输。"

我跟丹尼、拉里、杰米和莱斯利分享我在一次电视试播中参加特种兵选拔的经历。我被绑着，躺在阴冷昏暗的仓库地板上，一辆铲车托着一托盘的钢筋混凝土悬在我头顶几码高的地方，我只觉得毛骨悚然。托盘慢慢降下来，轻压我的胸口，我能感觉到托盘底部尖锐不平的表面。十几秒后，我听到铲车操作员在轰隆作响的噪声中埋怨道："妈的，机器坏了，启动不了了……"

现在回想起来，当时洗完一个热水澡之后，我的精神状态就完全恢复过来，好像什么事都没发生过。实际上车上的"钢筋混凝土"根本不是真的钢筋混凝土，而是一些涂了颜色的聚苯乙烯，而且铲车也运转正常。但是，铲车下的我和其他候选人对这一切都毫不知情。在那一刻，所有的假象都跟真

异类的天赋
天才、疯子和内向人格的
成功密码

The Wisdom
of Psychopaths

158

的一样吓人。

对于这样惊险的场面，杰米丝毫不为所动。"就算机器真的出了故障，"他说，"也不意味着托盘就一定会压到你身上，不是吗？只是你需要在机器下面多待一会儿，但这又能怎么样呢？我在想一个问题，人们都说勇敢是一种美德，是吧？但是如果你根本就不需要勇气呢？如果从一开始你就什么都不怕呢？如果你什么都不怕，你就不需要战胜恐惧的勇气，对吧？那种钢筋混凝土和卡车轮胎的惊险表演吓不倒我，它们只不过是心理游戏罢了。但是这种游戏并不能使我变得更加勇敢，如果我一开始就什么都不怕的话，我还要勇气干什么？

"我不买你的账。在我看来，你一直谈论的'勇气'，人们觉得自己需要的'勇气'，都只是我生来就具有的。你可以说它是美德，但是在我的字典里，勇气只是一种天赋，一种使人情绪高涨的兴奋剂。"

正念

对面的沙发上坐着一个身高将近一米九的光头精神病态者①，他强大的精神磁场笼罩着我，影响着我的道德准则，这种感觉真不好受。精神病态者都具有很强的说服力，对于这一点，我再清楚不过，也会有意识地阻止他们的思想强行"侵犯"自己的大脑，但我不得不承认，杰米的话有些道理。在危急情况下，"英雄"可能会出于强烈的求生本能而惊声尖叫，而精神病态者则可以不动声色——甚至连汗都不流一滴。莱斯利接着又讲了这个过程中另一个实实在在的难题，我的道德准则动摇得越来越厉害。

"但是这也不全是指能力，"他接着说道，"我的字典里没有'害怕'这个词，我从来不会感到害怕，因为在我看来，大多数时候，害怕都是毫无必要的。有句话不是说吗，人们担心之事，百分之九十九都不会发生。那为

---

① 光头精神病态者在这里指杰米。

什么还要害怕呢？

"我觉得问题在于人们永远在担心将来的事，担心会有不好的事情发生，他们看不到眼下的情况，一点也意识不到这样一个事实：现在一切都很好。你自我反思一下就可以清楚地发现这一点。那个家伙说什么来着？打败你的不是暴力，而是来自暴力的威胁。所以，为什么不活在当下呢？

"你想想，就像杰米说的，当你躺在'钢筋混凝土'之下时，其实并没有什么坏事降临，是不是？如果你睡着了，那就跟睡在床上没有什么区别。实际上，是你的想象吓坏了你。你的大脑飞速转动，像放电影一样回放了所有你能想到的恐怖镜头，但是这些都没有发生。所以，诀窍就是，**任何时候，你都不能让你的大脑跑得比你快。坚持做到这一点，未来的某一天，你就会戒掉这个习惯。**"

"或者你可以利用自己的想象力，"丹尼插了一句，"下次当你感到害怕的时候，你就想：'如果我不这么想，那么我会怎么做呢？'然后你照着这个问题的答案去做就可以了。"

如果你没有被吓得神志不清的话，这的确是个好主意。

杰米、莱斯利和丹尼各抒己见。我觉得，说自己是在聆听一群伟大的人布道也不为过——三个遵循八圣道①的佛教徒走在通往涅槃的路上。当然，他们绝对不是佛教徒。活在当下这样的认知在精神病学领域和佛教领域是相通的。

牛津大学精神病学系的临床心理学教授马克·威廉斯（Mark Williams）将"活在当下"这个中心原则与他的正念疗法相结合，用于治疗那些焦虑症和抑郁症患者。

"正念，"在马克·威廉斯的办公室里，我开玩笑似的对他说道，"从根本上来说，就是在光滑的木质地板上信奉佛教，难道不是吗？"

---

① 八圣道又名八正道，即八条圣者的道法。一、正见，即正确的知见。二、正思维，即正确的思考。三、正语，即纯正净善的语言。四、正业，即正当的活动、行为、工作。五、正命，即正当的谋生手段。六、正精进，即正当的努力。七、正念，即四念住，即随念于身、受、心、法四种所缘。八、正定，即对佛法要有坚定不移的定见见谛。

异类的天赋
天才、疯子和内向人格的
成功密码

The Wisdom
of Psychopaths

160

马克递给我一块小点心。

"你忘了说聚光灯和等离子电视，"马克补充道，"不过，我的很多理论和实践确实都蕴含着浓郁的东方文化气息。"

马克接着向我讲述了正念疗法是怎样治疗恐惧症病人的。我们假设有人害怕坐飞机。"有一种方法，"马克解释说，"你可以安排一个害怕坐飞机的人与一个非常喜欢坐飞机的人坐到一起。飞到一半时，你向他们出示两张大脑扫描图片：一张显示开心，一张则焦虑不安，充满恐惧。然后你告诉他们：'这组图片充分展示了你们大脑此刻的活动。你们看，它们完全不一样，说明不了什么，它们又不能告诉我们飞机运行的状态。飞机的运行状态怎样，只跟发动机有关。你们感觉到的喜悦或者焦虑，都只是感觉而已，并不会影响飞机的运行。'然后你对那个害怕坐飞机的人说：'所以，你要理智地对待自己内心的感觉，任它在心中来来回回，但是不要受它影响，只关注周围真实发生的事情，那么慢慢地，你的情况就会得到改善。'"

行动

杰米他们在理论上和实践中对于"正念"的支持是精神病态者的典型特征。当然，他们的支持未必能够获得杰出的牛津大学教授的赞扬。他们强烈赞成活在当下，正如拉里所说："放过明天，尽情享受今天。"在某些时候，这样的想法是十分有益的，并且有足够的证据可以证明这一点。

就拿金融界来说吧。唐·诺维克（Don Novick）从事金融交易16年来，从没在任何一笔交易中赔过一分钱。而他恰巧是个精神病态者。现在，虽然只有四十多岁，但他已经退休了，在苏格兰高地安逸地生活着，搜集好酒和名表。

我之所以说诺维克是精神病态者，是因为这是他自己说的。最起码我第一次见他的时候，他告诉我他是个精神病态者。为了保险起见，我决定对他进行几项测试。测试结果显示他确实有精神病特征。

诺维克住在一座詹姆斯一世时代的城堡里，城堡里的车道有好几个公交站那么长。我坐在其中一间客厅里，非常实在地问了他一个关于赚大钱的问题：怎样才能成为一名成功的交易员？我说，比起好交易员与差交易员之间的区别，我对一般好的交易员与特别好的交易员之间的区别更感兴趣。

他毫不迟疑地回答了我，以一种客观、专业的态度为我做了分析。

"我认为，判断一个交易员是不是特别优秀，关键要看他在游戏结束后的表现，也就是一天的工作结束后的表现。"他对我说，"你要明白，从事金融交易这个行业，只要你的心理稍微脆弱一点，这份工作就能毁掉你。我见过有的交易员在交易惨淡的时候痛哭流涕，甚至生病。这个行业的压力很大，环境和竞争都很残酷。

"但是你会发现，最优秀的交易员在一天工作结束走出办公室的时候，脸上一点表情也没有。你看不出他是赚了几十亿，还是亏得血本无归。

"总而言之，这就是成为优秀交易员的根本原则。在做交易的时候，你绝对不能让情绪影响你的决策，更不能完全被情绪左右。你必须毫不留情地专注于当下，不能让昨天发生的事影响今天。如果做不到这一点，你马上就会失败。

"如果你容易受情绪的影响，那么你在交易大厅里是待不下去的。"

诺维克的这些话是对他16年实战经验的总结，很容易让人想起巴巴·希夫、安托万·贝沙拉和乔治·列文斯坦在赌博游戏实验中得出的结果。当然，从逻辑上讲，正确的做法是每一轮赌局都下注。但是随着游戏继续，一些参与者开始不愿意下注，而是把赢到的钱攥在手里。换句话说，他们开始"活在过去"，也就是做了情绪的奴隶。

失败之举。

但是其他参与者保持"活在当下"的心态，继续下注，把每一个回合都当作第一局对待，最终获得丰厚的收益。按照安托万·贝沙拉的说法，这些人被称为"功能性精神病态者"——他们要么能够更好地控制自己的情绪，要么不容易紧张。

他们的手气越来越好，赢了那些谨小慎微、不敢冒险的人。

但整个故事并没有就此结束。几年前，这个研究报告首次登上大众报

异类的天赋

天才、疯子和内向人格的
成功密码

The Wisdom
of Psychopaths

162

刊，相关报道的标题十分吸引眼球——"急招：能在市场上赚大钱的精神病态者"。按照诺维克的说法，这个标题富有深意。

"举个例子，职业杀手就跟交易员一样，在夺取别人性命后不会有任何感觉，"他解释说，"他们根本不会感到良心不安或者懊悔。当交易员完成一笔交易后，他也会说'执行完毕'。在交易行业，这是一句耳熟能详的话。交易完成后，真正优秀的交易员不会感到丝毫的良心不安。他们根本不会寻根问底，不会权衡交易的利弊，不在乎这么做的是非对错。"

当然，活在过去只是问题的一方面。**活在未来，"思维超前"，将会导致我们胡乱想象，就像我在"钢筋混凝土"下面的时候一样，这样的情况同样有害。**研究表明，无论在什么时候，当我们评估常见的日常行为时，比如跳进游泳池或者拿起电话通知对方坏消息时，我们所设想的结果总是比真实情况更令人不安。

当然，这也解释了为什么我们做事情的时候总是喜欢拖延。

但是一个精神病态者从来都不会拖拖拉拉。

还记得我之前去布罗德莫尔精神病院时招待我的理查德·布拉克说过的话吗？他认为精神病态者之所以能够在医院的活动中表现出色，原因之一就是他们需要手头有事可做，无所事事可不行。

"感觉良好时我就会觉得危机重重，"丹尼说，"我喜欢过山车一样的生活，转动命运的轮盘，冲击无限可能。"

"至少我曾经是这样，"他说着耸耸肩，"来到这里之后就不是了。"

这句话从一个精神病态者口中说出来再自然不过——我们在自己的生活中或多或少也有过类似的想法。

"在我小的时候，"拉里对我说道，"每年放假，我们都会去黑斯廷斯①。我永远也忘不了那一天。妹妹在大海中玩水。突然一阵巨浪袭来。她哭

---

① 黑斯廷斯（Hastings），英国东萨塞克斯郡东南沿海的一个非都市区、自治镇，曾经是英国重要的捕鱼港口和海滨疗养地。

着跑了过来，从此再也不玩水了。当时我也就七八岁，在岸上看着妹妹，我对自己说：'如果海浪扑过来的时候你原地不动，你就会有危险。所以，你有两个选择：要么乖乖地待在岸上，干脆别下海；要么就奔向大海的更深处，让巨浪把你高高地托起，然后放下，再在你身后拍出浪花。'"

杰米站了起来。

"当然，最重要的是别跑太远，"他咕哝道，"不然你就会尸沉大海。"

"拼搏、克服和战胜"心理

"我就在这里，哪儿也不会去。"

我跟杰米握了握手，告诉他我下次路过时还会来看他，他也告诉了我他的动向。拉里和莱斯利已经走开，他们最后对我的态度都相当恭敬，莱斯利还对我行礼致敬，也许这个老男孩年轻的时候当过水手。丹尼回去接着看球了。

回到走廊和连接危险级与严重级精神障碍患者病房区跟外部世界的"安全气泡"，我感觉自己像刚从太空返回地球的航天员。

"感觉还好吧？"在我们急匆匆往回走的路上，理查德问道。

我笑了笑："终于有点回到家的感觉了。"

火车加速向伦敦行驶的时候，我仔细研究了一下周围人的表情：他们大多是下班回家的上班族。他们有的紧张焦虑，有的疲倦不堪、无精打采。在精神病院里，你是不会看到这样的表情的。

我打开笔记本电脑，写下了一些感想。大约一小时后，火车进站。我把自己写的东西命名为《"SOS"心理》：第一个"S"代表"奋斗"（Strive），"O"代表"克服"（Overcome），第二个"S"代表"成功"（Succeed）。

我把精神病态者的独特技能归结为七种终极制胜的精神法宝，这也是精神病态者的七条核心原则。合理利用这七条原则，能够帮助我们获得我们所想要的，能够帮助我们应对生活中的种种挑战，能够把我们从受害者变成胜利者，又不会把我们变成恶棍。这七条核心原则是：

异类的天赋
天才、疯子和内向人格的
成功密码

The Wisdom
of Psychopaths

164

1. 无情

2. 魅力

3. 专注

4. 坚毅

5. 无畏

6. 正念

7. 行动

毋庸置疑，这些心理特质的力量主要体现在实际应用上。在某些特殊场合，肯定需要某些特质多一点，其他特质少一点。套用前文中关于混音台的比喻，对某些特质的需求更高，那就把对应的音量调大一点。比如集无情、坚毅与行动于一身，可能会让你更加果断，赢得更多同事的尊重。不过，如果你没把握好分寸，那你就离独裁者不远了。

当然，还有另外一种可能性，那就是将音量调小。以第四章中的英国皇室法律顾问为例，如果现实生活中的他跟法庭上的他一样冷酷无畏，那么过不了多久，他自己也得聘请个律师为自己打官司。

毋庸置疑，问题的关键在于分清场合。

问题不在于你是不是精神病态者，而在于应该如何做一个能够分清场合的精神病态者。只要形势需要，你就得快速进入角色。但是，一旦危险过去，你就要做回正常人。

正是在这一点上，杰米他们做错了。他们没有控制好音量，将旋钮永远调到最大，这个错误酿成了巨大的不幸。

在我第一次踏进布罗德莫尔精神病院时，杰米告诉我，精神病态者的问题不是在于他们有一肚子坏水，而在于他们聪明过头了。就像在正常的公路上，不允许有车超速行驶一样。

Seven

第七章

极度镇定

Life should not be a journey to the grave with the intention of arriving safely in a pretty and well preserved body, but rather to skid in broadside in a cloud of smoke, thoroughly used up, totally worn out, and loudly proclaiming 'Wow! What a Ride!'

人生的旅途不应波澜不兴，想着走进坟墓时身上仍一丝伤痕不带，完好如初。人生的旅途应是在抨击中滑落飞扬的尘雾，精疲力竭，耗尽所有，然后大声喊道："哇哦！真是刺激！"

——亨特·斯托克顿·汤普森（Hunter S. Thompson）

异类的天赋
天才、疯子和内向人格的
成功密码

The Wisdom
of Psychopaths

166

现代人都有点精神病

牛津曼达琳学院小教堂的后墙上挂着一块祷告板。一天，在众多祈祷中，我注意到了这样一条："我的主啊，请让我的彩票中奖吧，这样我就不会再来烦你了。"

奇怪的是，只有这条祈祷得到了上帝的回复。上帝这样写道："我的孩子，我喜欢你的脾性。这个悲惨混乱的世界让我伤心不已，而你让我不禁微笑了起来。真该死，我真想再听到你的祈祷。那么，祝你下次好运，你这个厚脸皮的家伙！爱你的上帝。"

认为上帝毫无幽默感的人，或许应该再考虑一下；认为上帝遥不可及，对自己那些笨拙、迷茫、可悲的子民的琐碎烦扰毫不关心的人，或许也要再琢磨一番。很显然，在这个地方，万能的上帝就像一位精明、强悍、正经的管理者，能够尽其所能地给予——他十分了解人类的心理。上帝也认为他应该适当地表现自己各个方面的品质。如果你认为必要时上帝也会毫无畏惧地来回拨弄混音台上的旋钮，那么恭喜你，你的理解是对的。

1972年，作家艾伦·哈林顿出版了一本鲜为人知的书：《精神病态者》（*Psychopaths*）。在书中，他就人类进化提出了一种激进的全新理论。哈林顿认为，精神病态者是一种危险的新智人：不屈不挠的精神病态者是在现代社会艰难的生存环境中进化出来的特有产物。

这一理论认为，几千年来联系人类的原始纽带——道德、情感和依存纽带，在不知不觉中已经减弱，西方文明接受了资产阶级追名逐利的传统观念，之后精神病态者便处于主流社会边缘。他们受到歧视，被头脑正常的同胞们当作疯子或亡命之徒。然而，随着20世纪的到来，社会发展脚步加快，社会结构变得松散，精神病态者也走出了冷宫。作为一位没有专业学科背景的小说家，艾伦·哈林顿了解自己的写作对象。他描写精神病态者的笔触多种多样，实际上，他的某些描写甚至超越了人们在今天读到的很多精神病态者形象。根据哈林顿的描述，精神病态者是"新人类"：没有忧愁和痛苦的心理超人。精神病态者冷酷，无所事事，敢于冒险，但在另一些场景中又会变得快乐而安详。

他引述了几个例子："醉鬼、造假者、瘾君子、花童……残忍的高利贷黑手党、魅力非凡的演员、杀人犯、流浪吉他手、四处奔忙的政客、躺在拖拉机前的圣徒、靠窃取实验室助理的成果获得诺贝尔奖的人……所有人都在做着他们自己的事情。"

所有这些人，都对别人毫不关心。

什么样的人才能成为圣人？

哈林顿将天才列入其中，并以理智、精彩的文字将精神病态者与天才做对比，在书中，哈林顿引用了赫维·克莱克利于1941年编纂的经典著作《精神健全的面具》（*The Mask of Sanity*）一书中对精神病态者的临床描述，该描述是最早的精神病态者临床描述之一，内容如下：

> 结果证明，他（精神病态者）认为自己需要抗议的并不是某个团体、某个制度或者某个思想体系，而是人生本身。他似乎在人生中找不到什么意义深远或者能够让他一直兴奋的东西，他似乎只看

异类的天赋
天才、疯子和内向人格的
成功密码

The Wisdom
of Psychopaths

168

到了一些转瞬即逝、相对渺小而让人愉悦的空想，一系列让人难以忍受却不断重复的小挫折，以及倦怠……和很多青少年、天才、创造历史的政治家以及其他著名领袖一样，他表现出了不安分：他想要改变这一切。

哈林顿还引用诺曼·梅勒[1]的话："他（精神病态者）是精英中的精英，是冷酷、没人性的精英……他对死亡存在的各种可能性的内在体验就是他的逻辑，同样，天才、斗士和情人也都如此。"

其含义令人不解。哈林顿问到，天才和精神病态者是不是不同于常人的、以某种方式存在的同一枚硬币的两面？"……不管我们愿不愿意承认，我们是不是都把精神病态者最邪恶、最难以饶恕的一面抹杀掉而认为他们姿态优雅，把他们的残忍看作一种纯洁？他们折磨别人并自我折磨，最后使自己变成了完全不同的人，而他们的精神却在影视、公共宣传、名声以及恐惧情绪中得到净化，而成为天才？"

这样的恭维与他们的低智商反差太大，所以研究《圣经·新约全书》的学者们可能会极力反对。两千年前，一位大数的扫罗[2]公开处死了一名基督徒领袖，之后无数基督徒被处死——放到现在，根据《日内瓦公约》，这人应当被控种族灭绝罪。

我们都知道他后来怎么样了。[3]在前往大马士革的道路上，一夜之间，他从一个穷凶极恶、残酷无情的帐篷生产商变成了西方世界史上最重要的人物之一。他就是圣保罗，是整部《新约全书》一半多内容（整部书共27卷，其

---

[1] 诺曼·梅勒（Norman Mailer，1923—2007），美国著名作家，被誉为海明威第二。上过前线，当过导演，参加过纽约市长的竞选。代表作有《裸者与死者》（*The Naked and the Dead*）、《夜幕下的大军》（*The Armies of the Night*）和《刽子手之歌》（*The Executioner's Song*）等。

[2] 大数为地名，扫罗即后来的保罗。

[3] 当代有神经神学专家认为扫罗可能患有颞叶癫痫症，而不是真的遇见了上帝。"天堂之光"、幻听（"扫罗，扫罗，你为什么逼迫我？"）以及他随后的短暂失明都完全与这一诊断相符——正如扫罗自己与健康相关的神秘暗示（哥林多后书12：7—10），他说"肉中有刺""撒旦的差役""免得我过于自高"。

中14卷被认为出自他之手）的作者，是《使徒行传》中的英雄，也是一些教堂中质地最好的彩绘玻璃中的绘画的主角。

但除此之外，他更有可能是个精神病态者，具有精神病态者的冷漠无情、非凡魅力、一往无前的特质。

我可以给出证据。不论是在宽敞的大路上，还是在拥挤的城内，保罗喜欢待在危险和气氛冷淡的地方，这使他处于不断受到暴力攻击的危险之中。另外，他在地中海盆地旅行时，遭遇了三次船只失事，有一次甚至在广阔的海面上待了二十四小时才获救。一个对自己的安全一点都不在乎的男人形象逐渐清晰地呈现在我们眼前。

他是一个不会从错误中汲取教训的惯犯。保罗在做牧师期间曾多次被投进监狱，关押时间长达六年，曾被施以残酷的笞刑①，三次被处杖刑。有一次在位于现在的土耳其的路司得城（the city of Lystra），他被一群暴民恶毒地施以石刑②，直到他们认为他已经死了才停手，然后他们按照当时的规矩把他扔到了城外。

经文记载了之后的事情：

> 门徒正围着他，他就起来，走进城去。第二天，同巴拿巴往特庇去。（《使徒行传》14：20）

城里的居民刚刚还竭力想用石头砸死你，此刻你还能平静地走进这座城吗？我可不确定自己能否做到。

故事到这里还没完。保罗还是个四处云游的流浪者，因为总是遭到通缉或受到威胁而不断迁移。大马士革总督为了抓捕他下令封锁该城，他躲在一

---

① 有五次被施以三十九鞭，三十九鞭是最高的笞刑，因为鞭笞次数太多可能会致命。

② 石刑，一种钝击致死的酷刑，即将受刑者埋入沙土用乱石砸死。通常把男性腰部以下、女性胸部以下部位埋入沙土，施刑者向受刑者反复扔石块。如果是对已婚且有孩子的妇女行刑，则她的孩子必须到现场观看。行刑用的石块经过专门挑选，以保证让受刑者痛苦地死去。

异类的天赋
天才、疯子和内向人格的
成功密码

The Wisdom
of Psychopaths

170

个藤筐里，后穿过城墙夹缝才逃了出去。

他也是个冷漠、精于算计的政治煽动者和先锋人物。他肆意践踏别人的感情，也不在乎这些人有多么重要或者对他多么忠诚。保罗与圣彼得在安提阿决裂，当时他当面指责彼得是个伪君子，强迫非犹太人接受犹太习俗的同时自己却像非犹太人那样生活。《从耶稣到基督》（*From Jesus to Christianity*）一书中对此说到，这"完全是失败的政治虚张声势，而保罗很快作为一个不受欢迎的人离开了安提阿，此后再也没有回到过这一城市"。

最后，他还是一个鲜为人知的精神飞贼。他善于使用冷酷无情、不动声色的手段操纵他人，有着圆滑世故的自我推销技巧。

回想起欺诈大师格雷格·莫兰特的话了吗？骗子的邪恶招数中最有力的武器之一就是"准确地探测出别人的弱点"。

这些招数也曾经为保罗熟练使用。或者，换个说法：

> 向犹太人，我就作犹太人，为要得犹太人；向律法以下的人，我虽不在律法以下，还是作律法以下的人，为要得律法以下的人；向没有律法的人，我就作没有律法的人，为要得没有律法的人。其实我在上帝面前，不是没有律法；在基督面前，正在律法之下。向软弱的人，我就作软弱的人，为要得软弱的人。向什么样的人，我就作什么样的人……（《哥林多前书》9：20-22）

如果耶稣真想找个信使帮他传教，保罗自然是最佳人选。在基督徒中，他也是最令人畏惧和厌恶的人，在皈依之时，保罗也正处于他发挥迫害能力的顶峰。事实上，他前往大马士革的主要目的就是煽动更多的流血事件。

不是所有的精神病态者都是圣人，也不是所有的圣人都是精神病态者。但是有证据表明，在大脑的某个角落，精神不正常与圣性是由相同的神经主导的。另外，如禁欲、自控、活在当下、皈依、英勇、无畏，甚至包括共情等一些精神病态特征实际上也是人的本性，这些品质特征不仅能改善一个人自身的福祉，同时也能改善他人的福祉。

如果你需要证据的话，你只需要偶尔看看曼达琳学院的祷告板。

眼盯红点挥杆，志在冠军

在面对苦难时仍能面带微笑，这一能力一直被用来衡量人的情商的高低。以诗人拉迪亚德·吉卜林（Rudyard Kipling）的话为例，在一名运动员走上温布尔登中央球场时，你最后看到的是：

> 如果你坦然面对胜利和灾难，
> 对虚渺的胜负荣辱胸怀旷荡……

这通常被认为是圣人所拥有的心态，很少有人把这种心态跟精神病态者联系起来。

2006年，伦敦大学学院的德里克·米切尔（Derek Mitchell）决定扭转这一趋势。他对两组志愿者，也就是精神病态者和正常人进行"情绪中断任务"（EIT）测试，以此测定他们辨识事物的速度。测试要求志愿者坐在电脑屏幕前，屏幕上会闪过圆形或方形图案，志愿者看见什么就按下相应的按键。

你可能会想，这非常简单，但事实上非常棘手。

原因在于，屏幕上出现的并不仅仅是这些图形。每隔200毫秒，就会有一对人脸图像与圆形或方形同时出现，人脸图像分别是两个积极图像（笑脸）、两个消极图像（生气的脸）或者无明显特征的图像（没有表情的脸）。

当有表情的图像出现时，大多数人会感到辨识困难。原因很简单：带有感情的人脸图像会使人分心。米切尔假定，如果精神病态者真的如人们所说的那样无所顾忌、逍遥自在，能够平淡地看待挫折，那么他们就不会有辨识

异类的天赋
天才、疯子和内向人格的
成功密码

The Wisdom
of Psychopaths

172

困难。当有干扰的人脸图像出现时，他们应该能更快、更准确地做出反应，也就是说，他们更不容易分心。换言之，形象以某种方式揭示了"情绪效价"①。相反，在没有表情的人脸图像出现时，精神病态者与正常人的这种差异应该会消失，因为在这种情况下两组志愿者都不太会分心。

结果不出所料，精神病态者的确在有干扰的情况下能更快速而准确地识别出目标，并且在其他人阵脚大乱的时候，他们更为镇定。

坚忍克己这一品质一向备受推崇。其原因也非常简单。在各种情况下，人都需要克己，如痛失亲人时、分手时、赌桌上输钱时，有时甚至是你写书的时候。不过，只有在跟足球扯上关系的时候，这一品质才会跟我有点关系，作为英格兰足球队坚定不移的支持者，面对点球决胜时的无数次崩盘，我无法做到克己。

我并不只是从旁观者的角度来看这个问题。作为一面心理三棱镜，运动无疑是将坚忍克己的两大要素——无畏和专注发挥到极致的最佳方式，而无畏和专注是精神病态者和圣人共同拥有的品质。

"岂不知在场上赛跑的都跑，但得奖赏的只有一人？你们也当这样跑，好叫你们得着奖赏。"圣保罗这样写道，"所以，我奔跑，不像无定向的；我斗拳，不像打空气的。"

高挂在温布尔登中央球场的吉卜林的话也肯定不是巧合……而且他的话也不仅仅适用于网球。在揭示运动的伟大之处时，斯诺克传奇选手史蒂夫·戴维斯回答说："当比赛意味着一切的时候，你就当它什么也不是。""放下"打好的球，同样也要"放下"没打好的球，然后百分之百集中精力打好下一球。

打高尔夫也是如此。

2010年，在圣安德鲁英国高尔夫公开赛中，来自南非的路易斯·乌修仁②

---

① 情绪效价（emotional valence），指对情绪属性的自我评估，分为正性的情绪和负性的情绪。
② 路易斯·乌修仁，绰号"史莱克"，南非高尔夫球职业选手。2013年世界排名第六位的顶尖球手。

爆冷门获胜。他在公开赛前的赛事中遭遇了一连串的失败，即使他在比赛中
领先四杆，人们也料定在最后一轮激烈的竞争压力下他必将功亏一篑。但是
他赢了。原因非常简单：一个小红点。这个小红点就位于他手套拇指的根
部，非常显眼。这个解释令人惊讶，难以信服。

小红点是曼彻斯特运动心理学家卡尔·莫里斯给乌修仁画上去的。乌修
仁找到莫里斯，请他帮忙纠正他内心潜藏的精神病态。莫里斯告诉他，要将
注意力集中在手头的这杆球上，而不是在比赛过程中对结果耿耿于怀。

莫里斯制订计划，让乌修仁每次挥杆时都要沉着、冷静，将所有注意力都
集中在小红点上。小红点就是最重要的，此时不是他在击球，而是球在击他。

最终，他以七杆夺冠。

乌修仁的红点是体育心理学中"过程目标"（process goal）的经典案
例。"过程目标"的技巧就是要求运动员将注意力集中在一个事物上，以免
想其他事情。在这一案例中，乌修仁就是要避免去想所有输掉比赛的情况。
小红点牢牢地将乌修仁的注意力拴住了。拴在击球之前，拴在动作做出之
前，最重要的是，拴在信心消退之前。事实上，这种将注意力完全集中在手
头事务上的能力，也就是匈牙利心理学家米哈伊·奇克森特米哈伊（Mihály
Csíkszentmihályi）所谓的"最优体验"或"心流"①，它是心理学家们目前正
在研究的关键技巧之一。不仅仅是在高尔夫高手身上，在各项体育运动的高
手身上，情况都是如此。

在出现"心流"的时刻，过去和未来都消失得无影无踪。剩下的只有令
人高度紧张、异乎寻常、让人全神贯注的现在，一种完全无法抗拒的"很在
状态"的感觉。这是一种身心高度一致、陶醉其中的完美状态，在业界称为
完美"金三角"。在这种状态下，你的身心完全放松，又集中于一点，你无
须刻意用力就能获得最佳效果，此时，时间和人合而为一——人既掌控了一

---

① 一种将精力完全投注于某种活动的感觉。心流产生时会有高度的兴奋感及充实感。它是人们全身心投入某
件事时的一种心理状态。当人处于这种状态中时，往往不愿意被打扰，即抗拒中断。

异类的天赋
天才、疯子和内向人格的
成功密码

The Wisdom
of Psychopaths

174

切，又无所掌控。

不出所料，这种状态在人脑中有一个神经指示信号。

2011年，亚琛大学的马丁·克拉森发现，"心流"有其独特的心理学剖面图。他运用功能性核磁共振成像技术观察电子游戏玩家的大脑，发现人在高度专注和精神集中的时候，前扣带回皮层（大脑产生错误和冲突的部位）的活动会减少，这表明注意力得到集中，人不容易分心，与任务不相关的信息会被抑制。

犯罪型精神病态者的大脑也遵循类似的规律。

就在同一年，肯特·基尔重新启用了他那台特制的功能性核磁共振成像仪，开始在新墨西哥开展新的实验。基尔感兴趣的是：到底是什么决定着精神病态者道德上的决定？他们在压力下真的会镇定自若吗？在事件关乎成败的时候，他们真的能达成更好的结果吗？如果是这样，又是什么原因促成的？有可能是他们的大脑不同寻常吗？冷静的认知推理过程战胜了冲动的感情处理吗？

为了找出答案，他给精神病态者和正常人制造了两种不同的道德困境，分别是他所说的"高冲突性（个人）"和"低冲突性（个人）"困境①，两种例子如下：

高冲突性（个人）

敌方士兵占领了你的村子。敌方的命令是不留活口。你和其他人躲在一个地下室里。你听到敌方士兵进入了你上面的屋子。这时，你的孩子开始大声哭喊。你捂住孩子的嘴以便堵住哭声。如果你把手从孩子嘴上挪开，孩子就会大声哭闹，敌方士兵就会听见。如果听见孩子的声音，他们就会找到你，并杀死包括你和孩子在内

---

① 基尔和他的合著者还总结出了第三种困境，他们称之为"客观类困境"，采用了菲利帕·富特提出的火车难题（见第一章）的原始形式。在该困境中，选择（扳动方向闸）将失控的火车转离其原有轨道，只杀死另一条轨道上的一个人，而非原来轨道上的五个人。

的所有人。为了保全你和其他人，你必须闷死自己的孩子。

为了保全你自己和其他人而闷死自己的孩子，对你来说，这在道德上是否可以接受？

低冲突性（个人）

周末你去看望祖母。她通常会在你到来时给你几美元作为礼物，但是这次她没给。你问她原因，她说是因为你给她写的信没有以前那么多了。你生气了，决定戏弄她一下。

于是，你从药柜里拿出几粒药片，放在祖母的茶壶里，心想着能够让她难受难受。

为了戏弄祖母而在她的茶壶里放入药片，对你来说，这在道德上是否可以接受？

要预测精神病态者与正常人在这两种情况下的反应非常简单。基尔猜测，如果精神病态者不容易受外在感情的影响，在面临生死攸关的问题时，会比正常人更加镇定、冷漠和坚强，那么他们与正常人最明显的区别应当体现在高冲突性（个人）困境中——也就是冲突性很大、问题切中要害的时候。

实验结果证明，恰是如此。

在高冲突性困境下，精神病态者确实比正常人更倾向于以功利为判断标准，也就是"道德上可以接受"。与在伦理道德上更加脆弱的对照组相比，精神病态者更容易闷死孩子，或者至少能够更加从容地应对这一行为带来的痛楚。如果实验中的情境是真的，他们大概更有机会活下来，并能保全地下室里同伴的性命（见图7.1）。

但是，这只是事情的一部分。正如我在第三章"威廉·布朗"号那个例子中发现的一样，基尔和他的合著者也发现，总体而言，在道德问题上，精神病态者同样比非精神病态者在衡量眼前的难题时用的时间更少。他们能够

异类的天赋
天才、疯子和内向人格的
成功密码

The Wisdom
of Psychopaths

176

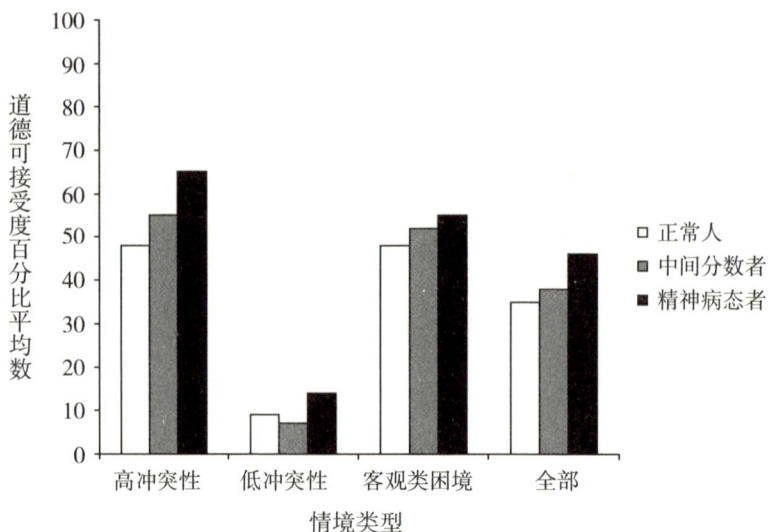

图7.1　精神病态者更不容易受到道德约束——只是在冲突强烈的情况下

更快地做出合理的决定。

　　但是，难就难在这里，只有在高冲突性困境下才会出现这种情况。在低冲突性困境中，慎重的程度差别就消失了。精神病态者和非精神病态者一样很有可能否定往祖母茶壶里放药片这种想法。

　　结论看起来清楚无疑。在赌注很高、背水一战的情况下，你会更希望和精神病态者站在一起。但是如果没有利害关系，那跟精神病态者站在一起和跟正常人站在一起就没什么差别。精神病态者切断"心流"就会变得和正常人一样。

　　的确，脑电图研究发现，精神病态者和非精神病态者在面对极端有趣或极其鼓舞人心的任务和情况时，其头脑反应方式均存在差别。如果出现不好的预兆，与非精神病态者相比，精神病态者大脑的左脑前额叶（左前额正后方）区域明显活跃得多。左右脑活跃情况不对称会使不安情绪显著减少，强化积极情绪，集中注意力，并使渴望得到报偿的欲望增强。

　　同时，左右脑活跃情况不对称还会使精神状态得到提升。威斯康星大学神经系统科学家理查德·戴维森发现，高喜马拉雅①的精神智者，也就是佛教和尚中的精英，在深度冥想时也会发生相同的情况。

埃克塞特大学运动心理学家蒂姆·里斯（Tim Rees）解释说："很多证据表明，优秀的运动员都掌握着帮助他们集中精力、控制不安的心理技巧。"另外他还补充说，"一旦一个人的技能达到了一定的高度，那么使顶尖精英们有高下之分的是他们的心理态度。"

正如肯特·基尔向我们展示的，在关乎生死存亡的关键时刻，真正将伟大与优秀区分开来的是内在的心理差别。

同样，也是内在的精神差别。

停掉所有的钟表

米哈伊·奇克森特米哈伊和其他人关于"活在当下"即可消除不安的观点并不新鲜。举例而言，"正念"就是八圣道的第七道，而八圣道是两千五百年前佛陀乔达摩·悉达多最重要的教义之一。

菩提长老是小乘佛教的一位和尚，他在《八圣道——灭除烦恼之路》一书中描述了获取正念所需的训练：

> 修习正念即是训练心安住当下，保持开放、平静而警觉，去直观当下正在发生的事物。同时，所有的判断和诠释都要中止，一旦它们生起，只需觉知并放掉。

根据小乘佛教《巴利文大藏经》的主要论说之一《大念处经》，不断进行这种训练最终可"正知正念，舍离世间之欲贪、苦恼"。如我们所见，精

---

① 高喜马拉雅（High Himalaya）属于喜马拉雅造山带的中带，为一巨大的推覆体，由中、高级变质岩和新生代浅色花岗岩组成。北以藏南拆离系为顶界，被特提斯喜马拉雅构造带覆盖。南沿喜马拉雅主中央断裂逆冲到小喜马拉雅造山带之上。

异类的天赋
天才、疯子和内向人格的
成功密码

The Wisdom
of Psychopaths

178

神病态者似乎天生就拥有这类品质。

但是西方的精神病态和东方的超然心态的相似性远不止于此。最近，包括马克·威廉斯和理查德·戴维森在内的心理学家开始以经验为依据，对佛教中冥想使人恢复良好状态的功效进行了探索。正如前文所说，干涉其心念，可以有效地处理不安和消极情绪。精神病态者对于不安和消极情绪具有异常强大的免疫力。

这一疗法的基本原则在极大程度上衍化自传统佛教的教义。但是该疗法另外加入了一项，即如孩童般天真的求知欲。这一点容易让人想到第二章中探讨过的"大五人格"中的"经验开放性"，精神病态者在这一要素上的得分非常高。

2004年，精神病学家斯科特·毕晓普解释说："'正念'的第一要素即对注意力的自我调节，使其集中于当前体验，从而增加对此时此刻思维的认知。第二个要素即对自己此时此刻的体验采取一种特定的取向，这一取向的特征为好奇心、率真和认同。"

或者，又如武术禅僧大师们所说的初心，也就是"初学者的心态"。

近代著名的佛教导师之一铃木俊隆阐释说："初学者看待问题的角度多种多样，但专家看待问题的角度少之又少。"

基本上没有人会对此提出异议。狄更斯①决定送给斯克鲁奇过去、现在和未来三个幽灵，而他选的这三个幽灵也一直萦绕在我们所有人心头。但是，如果目光完全停留在眼前，筛除充满抱怨和指责的过去以及虚幻而纠缠不休的未来，不安就会开始消退，洞察力也会随之变得敏锐。此时，问题就具备了现实性：当我们拥有了"现在"，我们能对这个包含一切、宏大而鲜明的"现在"做什么？我们是像圣人一样"品嗜"这一时刻，还是像精神病态者那样"抓住"它？我们会思考体验的本质，还是会在疯狂追求片刻愉悦的过程中将精力完全集中在自己身上？

几年前的这个时候，我到日本一座偏远的佛寺寻找这一问题的答案，其中

---

① 狄更斯，19世纪英国最伟大的小说家之一，斯克鲁奇是其作品《圣诞欢歌》里的角色。

涉及一项测试：对那些武艺及精神境界都达到至高水平的人进行的测试。

该测试需要一个人屈膝跪下，双臂置于身体两侧，蒙住双眼，而另一个人站在这个人背后，用手将武士刀举于其头顶上方。在脆弱的对手不知情的情况下，站着的人自己决定在某一时刻松开手中的刀，让其落向跪在地上的人的身体，对其造成伤害，甚至可能导致死亡——除非这一刀意外地出现偏差。当然，跪在地上的人最终解除了持刀人的武器。

这一任务似乎是不可能完成的，但事实并非如此。我刚刚描述的测试是真实存在的。这是一项精心安排的古老而精妙的仪式，在日本神秘难解的道场和高喜马拉雅都有，那些追求伟大的人会定期接受这一测试，他们是幽灵般的心灵低语者，远比黑带高手厉害。

现在，刀被仁慈地换成了塑料刀。但在以前，刀是货真价实的。

一位年过八旬、鲜为人知的老师父揭开了谜团。

在古老的丹泽山山毛榉林深处，我们盘腿坐在云雾缭绕、种满丁香的花园里，他对我说："必须完全清空头脑，专注于当下。当你达到那种状态时，你就能够感受到时间，它透过你的感官起伏而过。你能感受到遥远地方的细微变化。你与天地融为一体。这并不难，多加练习即可。"

老师父的话让我想起第四章中那位神经外科医生的话。只是几年前我去日本时还不知道这位医生，不然我肯定会欣然向老师父讲述他在面临高难度手术时的感受。而那位身穿简朴的黑色裙袴和血红色和服的老师父肯定会露出微笑。

外科医生将自己的心理状态称为"超清醒神志"，也就是极端精确和清晰的意识状态。他的描述似乎与那位老师父所说的心境非常相似：也就是蒙着双眼跪在地上的人要解除悬于头顶的武器所必须进入的放松的精神状态。

我也想起了乔·纽曼的研究。他在威斯康星大学的实验室里证明，在某些情况下，精神病态者并不是感受不到不安，他们只是没有注意到威胁，他们的注意力完全集中在手头的事情上，无关的干扰都被过滤掉了。

异类的天赋
天才、疯子和内向人格的
成功密码

The Wisdom
of Psychopaths

180

当然，同样是拥有活在当下的专注力，精神病态者就很少被人们善意地看待了。人们认为他们是游荡在城市里的冷酷的凶手，像贪婪的螳螂一样搜寻着猎食目标，或者是排斥异己的独裁者，无视道德和法律，有着极强的政治野心。

对于精神病态者，很少会有人考虑到仁慈、超凡或者富有内涵这些特质。

但是，最近有许多研究都在尝试了解精神病态者的这些特质，企图以全新的角度重新了解他们。

英雄与恶棍

悉尼麦夸里大学的梅姆·马哈茂德有了一项超乎寻常的发现。精神病态者并非总是冷酷无情、铁石心肠，实际上，在某些情况下，他们比其他人都更加无私。

马哈茂德做了一项研究，其中包括一系列求助者向路人寻求帮助的真实情景。在这一研究中，毫无戒心的志愿者都已接受了精神病态测验，并根据测验结果被分为高分和低分两组。

但是，这其中有个圈套。求助者和路人都不完全是随机出现的。事实上，他们是马哈茂德的同事。这是一个特别的实验，专门用来调查精神病态者是否愿意帮助他人。

实验包括三个部分。在第一部分，马哈茂德的同事们假装迷路，直接向路人问路。在第二部分，求助的请求不再那么直接和明显：一位倒霉的女士手中的一捆纸掉在了地上，纸张撒了一地。在第三部分，请求变得更加隐秘：一位胳膊有残疾的实验室研究员由于行动不便，无论是拿出一个纸杯还是在登记簿上填写资料，都非常困难，但她仍然在坚持不懈地工作。当然，这个人是假装残疾的。

马哈茂德想知道，在这三种情境下，谁更有可能提供帮助：是冷酷无情、铁石心肠的精神病态者，还是他们更加热情、更加容易对人产生共情的对照组？

研究的结果完全出乎马哈茂德的预料。事实上，结果太过离谱，他到现在还想不明白。

在实验的第一部分，同事们向"路人"问路。结果和预料的一样，精神病态者提供的帮助少于非精神病态者。

在纸张散落一地的第二部分，两组志愿者在利他方面的差别神秘地消失了。精神病态者和非精神病态者提供了等量的帮助。

到同事假装残疾的第三部分，马哈茂德本以为精神病态者会更不愿意提供帮助，但实际情况恰好相反。

精神病态者比非精神病态者更加乐意走上前去帮忙拿出纸杯，在登记簿上填上自己的名字。当需要帮助的人非常脆弱而又没有主动寻求帮助的时候，精神病态者会主动提供帮助。在事情的紧要关头，精神病态者比非精神病态者更有可能伸出援助之手。

马哈茂德的实验肯定让不少人大感震惊。当然，正如某些开明而愤世嫉俗的人士曾经指出的，原因也可能是根本不存在真正的利他行为。**无论我们将真实的自己隐藏得多好，人总有一份隐秘、自私而无耻的动机。**在马哈茂德的研究中，精神病态者依靠他们对脆弱特性高度敏感的特质，轻易便"闻到了血腥味"。你可以回想一下安杰拉·布克的实验，在实验中，与非精神病态者相比，精神病态者更容易从人们走路的姿态中识别出易遭受暴力袭击的受害者。

"你的每一项善举中都潜藏着私底下的愉悦，"小说家毛姆在《人性的枷锁》中写道，"人们做出举动是因为这些举动对他们有好处，人们只有在这些行为对他们有好处而且是人们所认为的善举时才会行动……你是为了自己私下的愉悦而给乞丐两个便士，正如我为了自己私下的愉悦会再喝杯威士忌加苏打水一样。我不是你那样的骗子，所以我从不会为自己的愉悦鼓掌，也不需要你的赞赏。"

真是鞭辟入里。

异类的天赋
天才、疯子和内向人格的
成功密码

The Wisdom
of Psychopaths

182

此外，有证据表明，马哈茂德的发现并非偶然。纽约城市大学约翰杰刑事司法学院的黛安娜·法尔肯巴赫和玛丽亚·楚卡拉斯最近开始研究所谓的"适应性"精神病态特征的概率，研究对象是被她们称为"英雄职业"的第一线从业人员，包括执法人员、军人和救援人员等。

她们的发现和马哈茂德的研究结果非常吻合。尽管这些人示范着亲社会的生活方式[①]，但他们也很粗暴。也就是说，这些人因为职业的危险性，在《精神病态特质量表》的无畏、自制和冷酷无情等精神病态特征上得分较高，从而在面对社会压力和减轻焦虑等方面，比普通人拥有更大的优势。

但是，另一方面，他们又没有与以自我为中心的冲动特质（如马基雅弗利主义、自恋、不顾后果、毫无计划以及反社会）相关的特征。

这一鲜明的特征与心理学家菲利普·津巴多对英雄形象的剖析一致。1971年，津巴多在斯坦福大学心理学大楼地下室设立了一座模拟监狱，随机指派12名学生志愿者扮演囚犯，再随机指派12名学生志愿者扮演警卫。

刚过六天，研究便被中止了。一些"警卫"滥用职权，开始虐待"囚犯"。

40年后，津巴多参与了一个完全不同的项目：培养我们所有人内在的"英雄气概"。在找到我们体内作为恶棍和受害者的妖魔之后，津巴多开始寻求其对立面：找到方法，在普通人因为恐惧而默不作声的时候，促使普通人挺身而出，发挥作用。这些人不仅仅要应对身体对抗，同时也包括心理上的对抗，因为在一定条件下，心理上的对抗也会造成非常大的挑战。

"在人生中的某些时候，我们很多人都会被期待做一个英雄。"津巴多对我说，"要做一个英雄，就要不在乎别人的想法，不畏惧后果，不害怕失败。问题是，我们是不是愿意做这样一个英雄？"

在津巴多的办公室里，我们一边喝咖啡一边探讨心理学问题，不出所料，我们又谈到了群体思维。

---

① 亲社会的生活方式，指积极的、对社会有益的生活方式。

　　津巴多引用了一个恰如其分的例子，也就是第二次世界大战中日本军队
对珍珠港的袭击。

　　1941年12月7日，日本海军对美国位于夏威夷瓦胡岛的海军基地发动突然
袭击。该袭击意在先发制人，重创美国太平洋舰队，防止其阻碍日本袭击马
来半岛和荷属东印度群岛同盟国军队的计划。

　　后果是毁灭性的。188架美军飞机被毁，2402名美国人遇难，1282人受
伤，促使当时的美国总统富兰克林·罗斯福第二天正式对日本帝国宣战。国
会用了不到60分钟的时间，就做出了支持宣战的决定。

　　但是，珍珠港事件是否可能被阻止？灾难性的伤亡和混战的后果是否可
能扭转？证据表明，答案是肯定的。错误的假设、不正确的共识、根深蒂固
的偏见以及不可战胜的错觉等，这一系列的群体思维因素都是驻夏威夷美国
海军官员对珍珠港事件严重缺乏警惕的原因。

　　举例而言，在拦截日本信息方面，美国有可靠消息表明日本准备发动攻
势。华盛顿将这一情报转给了珍珠港高级军事指挥官，但这位指挥官忽视了
这一军事情报——他以为这只是武力恫吓，是日本为了保住敌国领土内的使
馆而耍的"诡计"，理由包括："日本绝对不敢对夏威夷发动突袭，因为这
将引发全面战争，而美国必然会赢"；"即使日本真那么鲁莽，派航空母舰
袭击美国，我们肯定会有所察觉，有足够的时间消灭他们"。

　　但历史证明他们错了。

　　法尔肯巴赫和楚卡拉斯发现，魅力、低焦虑和压力免疫等特征在英雄人
物身上更为普遍，而这些心理特征是不是因其解决冲突的能力在进化过程中
被保留了下来呢？我们先前讨论了这一可能性。黑猩猩、短尾猴和大猩猩中
的统治者都会通过干涉下级个体间的纠纷来争夺配偶。

　　另一种解释是，这些特征经受住了时间的考验，但其在进化过程中得以
保留的原因或许恰好相反——它们拥有煽动冲突的能力。

　　这一观点符合人们对精神病态进化的正统解读。传统上，达尔文学说对精
神病态的解释在极大程度上源自精神错乱、离经叛道的一面，也就是精神病态

异类的天赋
天才、疯子和内向人格的
成功密码

The Wisdom
of Psychopaths

184

者对社会传统毫无顾忌的态度。这些传统包括诚实、可靠、责任和一夫一妻[①]等，还有深深根植于我们文化的传统，比如社会责任——社会责任在某些时候不仅会导致人们做出危险的错误决策，在动荡的年代还会造成恐怖的死亡。

剥衣手杰克

研究人员与临床医生通常认为精神病态者不会产生共情——他们的杏仁核毫无生气，他们对事物的感觉和我们根本不一样。研究表明，精神病态者面对痛苦情景的时候，比如面对饥荒难民时，他们大脑里掌管情感的"开关"根本就不会打开：通过观察功能性核磁共振成像，他们的大脑拉下了情感的百叶窗，神经处于绝缘状态。

---

① 当然，无耻地无视一夫一妻制会导致滥交并扩大基因传播的范围。

如我们所见，有时候这种绝缘会显示出优势，比如在医学界。但是，有时候窗帘会完全挡住光线，不能穿透黑暗。

2010年夏，我跳上一架前往弗吉尼亚州匡蒂科①的飞机，去联邦调查局行为调查支援科采访督导特工詹姆斯·比斯利。比斯利是美国精神病态者与连环谋杀案调查方面最权威的人士之一，不论是儿童绑架犯还是强奸犯，毒枭还是狂暴杀人犯，比斯利都了如指掌。

他为联邦政府工作的27年间，后17年一直在国家暴力犯罪行为分析中心工作，因此他对犯罪行为几乎无所不知。几年前，他审问过一个犯人，那个犯人体温非常低，甚至差点使温度计破裂，这让他甚为惊讶。

"当时发生了一系列持枪抢劫案，"比斯利解释说，"不管持枪的人是谁，他们都不会担心扣动扳机的事。抢劫案的犯罪分子通常只会拿枪用来威胁。

"但是这个家伙不一样。他总是在距离受害人很近的地方给人当头一枪。我当时就确定无疑地意识到，我们面对的是个精神病态者。他心狠手辣，冷血得要命。但他身上有一件很不对劲的事让我感到不安。

"那是他最后一次犯罪。在他杀死受害者之后，我们很快就抓到了他。他拿走了受害者的夹克。这件事非常不对劲。一般来说，一个人从杀人现场拿走一件衣服只会有两种可能：一是这件衣服跟性犯罪有关，二是罪犯想把这件衣服当成战利品。但这两种情况都与这个家伙不相符。在所有事情上，他是个功利主义者，没好处的事情不做。

"我们问他为什么要拿受害者的夹克，你知道他怎么回答的吗？他说：'哦，那个啊，只是一时兴起。当我走到门口准备离开的时候，我看到那哥们瘫在柜台上，突然想到这夹克还挺配我的衬衫。所以，管他呢，反正那家伙已经死了，哪儿也去不了，所以我就拿走了。那天晚上我穿着那件夹克去了家酒吧，这是常有的事，然后就被抓了。你可以说那是我的'幸运'夹

---

① 地名，位于美国弗吉尼亚州威廉王子县，是一个军事基地。

异类的天赋
天才、疯子和内向人格的
成功密码

The Wisdom
of Psychopaths

186

克。对那哥们来说是不幸，但是对我来说是幸运的……'"

听到这种故事，一般人都会坚定地认为精神病态者毫无共情心，就更别说体验了。但令人吃惊的是，后来的很多实验都证明精神病态者并非如人们所想的那么冷血无情。比如马哈茂德向我们证实，精神病态者比其他人拥有更强的共情心，或者说，更加乐于助人。此外，雪莉·费克图和她的同事们发现，与非精神病态者相比，精神病态者的镜像神经元系统更加活跃，尤其是大脑皮层体感区神经细胞，正是这些神经细胞帮助我们识别别人的身体是否有伤痛。

究竟是精神病态者比其他人拥有更强的共情心，还是精神病态者更能体会别人的感受同时又不受他人感受的影响，抑或是精神病态者更能假装对他人的感受感同身受，真实情况不得而知。这个问题很有意思，直接指向精神病态者的真实面目这一核心。毫无疑问，这个问题将引发长期的激烈争论。

我就连环杀手向比斯利询问这个问题。我问他，在他的经验中，他们是否会测试犯人的共情心？我非常确定自己早已知道答案，但比斯利的回答让我吃了一惊。

"说连环杀手缺乏共情心，这种观点容易让人产生误解，"他说，"当然，确实有像亨利·李·卢卡斯①一样的杀手，对他们来说，杀人就像碾死一只虫子一样。这种杀人犯像被赋予了杀人功能的机器，他们不断地杀人，为了逃避追捕像流浪汉一样东躲西藏。对他们来说，缺乏共情心可以帮助他们躲避追捕，是好事。

"但是对于另一类连环杀手，也就是我们所说的施虐连环杀手，杀人本身就是重点。他们有更强的共情心，这里面有两层意思。

---

① 亨利·李·卢卡斯是美国一名作案频繁的连环杀手，被称作"有史以来最大的恶魔"。他最终招供，警察找到了246具受害者遗体，随后就其中189位受害者指控他犯有谋杀罪。卢卡斯疯狂杀人，时间跨越二十多年，从1960年与母亲争吵时捅死母亲，直到1983年因非法持有武器被捕。20世纪70年代，卢卡斯与同伙奥蒂斯·图尔（Ottis Toole）一起游荡于美国南部各州，主要袭击搭便车的人。有一次，他们开车跨越了两个州，才意识到车后座上还放着最近几名受害者的头。卢卡斯有一次说："我对这些人没有任何感觉，对任何罪行也没有。我会让他们搭便车，开车游玩。我们都处得不错，很欢乐。我首先会杀了她，然后把她扔了。2001年，卢卡斯由于心脏病发作死在了监狱里。1986年，他的故事被改编，拍成了电影《杀手的肖像》（*Henry: Portrait of a Serial Killer*）。

"以特德·邦迪为例。邦迪善于假装受伤或残疾，比如把一只胳膊吊在绷带里，或者拄着拐杖，以此诱惑受害者，而受害者都是女大学生。至少在理智上，邦迪知道怎么做可以获取她们的信任，得到她们的帮助。如果他不会换位思考，他能每次都骗过她们吗？

"不能。一定程度的认知共情能力，可以使他们更好地把握受害者的心理，这是施虐连环杀手所必备的。不过，另一方面，他们还得具备一定程度的情感共情能力，否则他们怎么能够从受害者的痛苦中获得愉悦呢？他们鞭打、折磨受害者还有什么快感呢？

"所以，虽然可能听起来很奇怪，但事实就是，施虐连环杀手对受害者痛苦的感受和你我完全一样。他们既能够从认知上客观地感受到，也能够从情感上主观地感受到。但是，他们和我们的区别在于，他们将这种痛苦转变成了自己的愉悦。共情能力越强，他们获得的愉悦就越多。"

事实几乎就是如此。但是坐在那里听比斯利讲述的时候，我开始将信息联系起来，突然，我明白了事情是怎么回事。

格雷格·莫兰特是世界上最冷酷无情的骗子之一，已经被确诊为精神病态者。他能很坦然地说出自己对受害者感受的理解。正是这一点使得他如此厉害：冷酷、熟练、专注，能精确地找出受害者的心理弱点。

在雪莉·费克图所做的镜像神经元研究中，精神病态者比非精神病态者表现出了更强的共情能力。她向志愿者展示了一段表达身体疼痛的视频：一根针扎入手中。

当然，随后还有马哈茂德极有意义的实验。在看到"断臂"的画面时，精神病态者比非精神病态者表现出了更强的共情能力。对于这一发现，或许连马哈茂德本人都大感惊讶。

但是，詹姆斯·比斯利不惊讶。

"预料之中，"他毫不犹豫地说，"不过我想，这跟他选的是哪些精神病态者也有关系。"

比斯利给我讲述了埃默里大学心理学家艾尔弗雷德·海尔布伦在20世

异类的天赋
天才、疯子和内向人格的
成功密码

The Wisdom
of Psychopaths

188

80年代做的一项研究。海尔布伦分析了150多名犯罪分子的人格结构，区分出了两类非常不同的精神病态者：缺乏控制力、智商低且缺乏共情能力的（亨利·李·卢卡斯类），以及控制欲强、智商高、虐待成性且共情能力强的（特德·邦迪和汉尼拔·莱克特类）。

但是数据掩盖了一个出人意料、令人毛骨悚然的事实。根据海尔布伦的分类，共情能力最强的，是有着极端暴力犯罪史的高智商精神病态者，特别是强奸犯：在强奸过程中，强奸犯偶尔能感受到虐待受害者的快感。海尔布伦指出，让别人遭受痛苦和折磨的暴力行为通常是蓄意而为，而非一时冲动。不仅如此，海尔布伦还发现，正是共情能力和对受害者痛楚的了解激发了这类犯罪分子实行犯罪行为，并且在虐待受害者的过程中获得快感。

并不是所有的精神病态者都是"色盲"。有些精神病态者和我们一样，能够看到"红灯"标志，只是他们选择对"红灯"视而不见。

面具背后的脸

在精神病态者中，有一部分人具有共情心，他们对别人的情感感同身受的程度比我们正常人还要深。这就可以解释为什么在安杰拉·布克的"弱点识别"研究中，精神病态者比我们正常人更能领会人们行为举止中的蛛丝马迹，他们能从心灵受创的受害者的步态中读出透露他们心迹的信息。

不过，如果你认为只有精神病态者才能觉察到别人的深层情感或者深埋在意识中的感觉碎片，那你就错了。加利福尼亚大学伯克利分校的保罗·埃克曼称，在一项"潜意识面孔处理"任务实验中，两名精通冥想的西藏僧人完胜法官、警察、精神病医师、海关官员甚至情报局特工。在这两位僧人进入实验室接受任务之前，已有5000多名参与者曾试图完成这项任务，但只有这两位僧人成功了。

这项任务包括两个部分。首先，电脑屏幕上依次闪现六张脸，分别代表六种最基本的情感（愤怒、悲伤、高兴、恐惧、厌恶和惊讶）。图片在屏幕上停留的时间足以让大脑对它们进行处理，但是不足以让测试者有意识地说出他们看到的是什么。任务的第二部分是"列队识人"，测试者需要从随后展示的六张图片中，选出之前在电脑屏幕上闪现过的面孔。

通常情况下，这种选择就是凭运气。经过一系列的试验，测试者的成功概率大概只有六分之一。

然而两位僧人的成功率是四分之三。

埃克曼推测，其中的奥秘也许就在于他们拥有一种更强的甚至是超自然的微表情阅读能力。所谓微表情，就是我们之前提到的那种极其细微而且会频频闪现的表情，微表情在大脑还来不及按下"删除"和"播放"键时，就已经牵动面部肌肉，浮现在我们脸上了。

如果真是这样的话，那么这两位僧人就拥有同精神病态者一样的能力。英属哥伦比亚大学的萨布丽娜·德梅特里夫近日发现，在黑尔《病态人格检测表》中得分较高的测试者恰恰拥有这种阅读微表情的能力，他们尤其擅长察觉恐惧和悲伤这两种表情。

另一个实验更有趣。埃克曼将之前接受测试的两位僧人中的一位带到了同事罗伯特·利文森（Robert Levenson）的伯克利心理生理学实验室，想评估一下他"气定神闲"的能力。实验中，他们把一台设备各条线路接到僧人身上。这个设备十分敏感，即使人体本能中最细微的波动——肌肉收缩、脉搏频率、排汗情况和皮肤温度变化等——都能检测出来。他们告诉僧人，实验过程大约会持续五分钟，在这个过程中，他将听到一声巨大的爆炸声（埃克曼和利文森在实验中决定采用相当于在耳边仅几厘米处开枪的音量，这是人耳能够容忍的音量上限）。

实验者提前警告僧人将会突然听到爆炸声，并请他尽自己最大能力抑制必然会出现的"吃惊反应"，也就是说，如果可能的话，让人觉得他似乎完全没有听到爆炸声。

这个实验埃克曼和利文森已经做了很多次，也失望过很多次。之前走进这扇实验室大门的上百个测试者中没有一个能使心脑电图呈现为一条平线。

异类的天赋
天才、疯子和内向人格的
成功密码

The Wisdom
of Psychopaths

190

即便警察中一等一的神枪手，也没做到这一点。要想毫无反应，是不可能的，监测器总能检测到一些变化。他们在等待奇迹发生。

这是他们第一次在精通冥想的西藏僧人身上做这样的测试。实验结果让他们大为惊愕，他们最终找到了这样的人。就好像违背了人类心理学的所有客观规律，僧人对爆炸声没有做出丝毫反应。他没有跳起来，没有畏缩，什么反应也没有。

心电图一直是一条平线。

枪响了……僧人还坐在那儿，像雕塑一样。这么多年来，埃克曼和利文森从来没见过这样的事情。

"当他试着抑制惊吓的时候，惊吓就消失了。"埃克曼在实验后说道，"我们从来没遇到过这样的人，其他研究人员也没有遇到过。这是一种惊人的能力。我们所知的任何一个解剖学原理都难以解释这个现象。"

其实，在爆炸声突然响起的那一刻，僧人在做一种名为"开放冥想"的修行，他自己这么解释实验结果："我在做开放冥想的时候，不是去主动控制以免受到惊吓，而是让自己像坐在一个很远的地方听到爆炸声一样，所以爆炸声似乎微弱很多……但是其间如果分神，爆炸声就会突然拉回到耳前，使你惊吓得跳起来。但是，在开放冥想的状态下，此时此刻你处于安宁之中，突然的巨响只不过是天空中飞过的一只小鸟，最多能引起你心头的一丝波动，仅此而已。"

我真好奇，他们有没有测过僧人的听力是否有问题。

威斯康星大学心理学系威斯曼中心做过一个类似的实验，实验对象是8位年龄在34~64岁的佛教徒，在过去的15~40年间，他们每天都做超过8个小时的打坐和冥想祷告。

对照组则是10位健康的大学生志愿者，他们的年龄为20~22岁，此前从未尝试过打坐或者冥想，仅仅在一星期前接受过简单的冥想训练。

两组人员都被要求完全放松地进行关于慈悲、怜悯内容的冥想，冥想者只需产生类似的感觉，而不需要在大脑中描绘具体事物。

在这一过程中，研究人员通过一些脑电波测量仪器，对两组志愿者打坐冥想前、冥想中、冥想后的脑部活动进行监测。科学家们惊奇地发现，佛教徒大脑中的 α 波和 γ 波活动十分显著， γ 波的震荡尤其强烈。因为人脑的 γ 波是由脑部额叶和顶叶联合皮层区的活动引起的，而这些区域是负责人类情绪、与快乐相关的区域。

事实上，测试显示，在进行冥想前，两位年龄较长的僧人的 γ 波活动就极强，因此，脑区域活动的波动显然是由修行时间的长短决定的，而与个体差异无关。

α 波和 γ 波电压可以通过刺激和训练来调节，进入腹式深呼吸冥想状态时， α 波显著增加，表示可通过意识活动对人体系统进行自我调节（自动修复），意识容易转入潜意识层次。

公路追魂

之前提到的保罗·埃克曼、罗伯特·利文森和理查德·戴维森所做的工作告诉我们：**培养和保持放松的心境不仅可以帮助我们应对现代社会紧张刺激的生活，而且有利于我们正确感知和应对这些刺激。**当然，很少有人能像西藏僧人那样在精神修炼上登峰造极。但是这个实验也告诉我们，几乎所有的人都可以从冷静镇定的修行中获益。

不过，精神病态者好像例外。事实上，对待这类问题，精神病态者并不是像僧人那样通过有意识的冥想来实现内心的平静，他们有与生俱来的天赋。

佛罗里达州立大学的克里斯·帕特里克（Chris Patrick）做了这样一个实验。克里斯让精神病态者和正常人分别看了一些恐怖、令人恶心和充满色情的图片，然后比较他们的反应。通过对所有生理数据——血压、排汗、心率和眨眼速率等进行测量，克里斯发现精神病态者比正常人表现出的兴奋程度要低很多。用专业术语来说，精神病态者的情感惊吓反应比较弱。

异类的天赋
天才、疯子和内向人格的
成功密码

The Wisdom
of Psychopaths

192

11世纪佛教大师阿底峡曾经写道：**人最大的财富是自制，最神奇的魔力是传递能量。**从某种意义上说，精神病态者在这一方面似乎走在我们前面。有时候，说到我们对情绪刺激的反应时，精神病态者也同样"先行一步"。

终生游历的生活要求苦行、禁欲，十分艰苦。

随遇而安的云游生活是精神病态人格的一个核心特点，它和传递能量一样根植于古老传说。例如，在阿底峡的时代，精神的典型代表沙门或者云游僧及其出家、脱俗、孤独、无常和冥想的理念，就是追随佛陀本人修行的道路。

当然，今天沙门精神已然消失——涅槃的荒原上只见幽灵游走，星星划过的十字街头也只有初生的鬼魂出没。但是，在霓虹灯下、酒吧里、汽车旅馆和赌场的阴影之中，精神病态者依然精力充沛地活着，就像他们的僧侣祖先一样，以云游流浪的方式存在。

就拿连环杀手来说吧。美国联邦调查局根据最新犯罪数据推测，在美国，几乎每时每刻都有35~50个连环杀手作案。这个数字对于任何国家来说都太过庞大了。但是，如果对为什么会出现这种情况做进一步探究的话，我们很快就会质疑：这个数字是不是应该更多呢？

美国州际高速公路就像一只患了精神分裂症的野兽。白天，休息站人来人往，有一种家庭聚会的氛围。可是夜幕降临之后，气氛就会迅速发生变化。毒贩子在这里来回游荡，阴魂不散，想不费力气赚钱的妓女也在休息站出没，寻觅着猎物——长途汽车司机和打工仔。

这些女人的家人并不会牵挂她们。她们中很多人都被埋在美国全国各地的备用车道和荒地里，好几个星期甚至好几年之后才会在百英里远的地方被发现。警方最近发现了长岛连环杀人案中一个年龄在五到十岁的受害者的遗骸。截至写这本书时，该案件已经牵扯到共计10名杀人犯，前后持续时间超过15年。

亨利·李·卢卡斯究竟夺去了多少生命，恐怕永远不会有人知道了。

地域辽阔、目击者少、各州司法独立，以及对受害者和违法者的习惯性"无视"，所有这些因素加起来，成了相关调查机构开展工作和搜集数据的障碍。

我问一名联邦调查局特工，有没有一种特定的工作是精神病态者特别适合做的。

他摇了摇头。

"哈，他们肯定能成为很棒的卡车司机。"他轻声笑道，"其实，我甚至想说在美国，卡车很有可能是连环杀手作案时最重要的一个工具，它可以集作案手段和逃跑工具于一身。"

这位特工是一个执法小组的成员。这个小组最近正在推广一个与公路连环杀人案相关的倡议，该倡议旨在促进美国纷乱的司法独立管辖部门间的数据流动，增强公众对此类杀人犯的警惕意识。

这个倡议是因为一次偶然的事件而提出的。2004年，俄克拉何马州调查局的一位分析员监测到一种特殊情况：在俄克拉何马州、得克萨斯州、阿肯色州和密西西比州的40号州际公路走廊沿线，连续发现被谋杀女性的尸体，而且发现的时间间隔很有规律。暴力犯罪缉捕计划（一个覆盖了杀人犯、性侵犯、失踪人口和不明身份遗骸的全国信息网）分析员试图通过数据库调查其他地方的公路杀人案是否也有相似的规律。

不出所料，他们发现了很多类似案件。

到目前为止，他们已陆续在公路沿线找到了500多位谋杀案受害者，同时也找到了大约200名嫌疑犯。

"精神病态者都是游魂。"特工对我说，他桌后的墙上贴着一张大幅美国地图，上面标注了许多时间轴、案件高发地区和谋杀的深红笔记。"他们就靠四处游走活着。他们不像正常人那样对建立亲密关系有需求，所以终生游荡，因此，他们再次撞上受害者的概率是很小的。

"但是他们也会施展魅力，从短期或中期来看，这样可以使他们较长时间地待在一个地方，因而消除别人的疑虑，还有就是便于寻找作案目标。这种魅力有时候很神奇——尽管你知道他们冷若冰霜，一旦盯上你，他们可能很快就会把你杀掉，但你有时候还是忍不住喜欢他们。这种魅力就像给你的

异类的天赋
天才、疯子和内向人格的
成功密码

The Wisdom
of Psychopaths

194

心理蒙上了一层幕布，让你意识不到他们的真实目的。

"正因如此，我们在城市中见到的精神病态者要比乡村地区多很多。在城市里，隐匿身份是很容易做到的。但如果你想融入农村或某个矿区，就不得不做一些粗重的活儿了。

"不幸的是，'精神病态者'和'流浪者'这两个词总是紧密地联系在一起，这让执法机构十分头疼。就是因为如此，我们的工作有时候困难得要死。"

飞蛾扑火的启示

"詹姆斯·邦德"心理学的倡导者彼得·乔纳森关于精神病态者有自己的一套理论。他指出，诱骗是一桩高风险买卖，往往会以失败收场。因为人们不仅时刻提防杀人犯和奸诈小人，而且还会对他们做出过激的反应——不管是合法的还是不合法的。乔纳森解释说，如果一个人想去诈骗别人的东西，他就应该表现得外向、迷人，而且要有很强的自尊心，这样他才更容易应对拒绝，也更容易动身上路，继续流亡。

当然，邦德是一直在路上的。作为特工，他应该这样做——在各州流窜的连环杀手也是如此，旧时代的云游僧人也是这样。不过，虽然这三类人游荡的原因各异，在精神病光谱上所处的位置也大不相同，但是他们都受一种精神执念的召唤：**无论是同精神错乱的犯罪团伙主谋的殊死搏斗，还是夺去他人生命的莫测高深的邪恶力量，抑或是超然纯粹的永久游历，这些都是对新奇、刺激体验的无尽追求。**

经验开放性是精神病态者和天才共有的，这一特点是正念禅修不可或缺的因素。不过，这两种截然对立的人所共有的特质并非仅此而已（见图7.2）。并不是所有的精神病态者都具有精神修行的特征，反之亦然。但是，我们可以看到，两者有些特征是重叠的，其中经验开放性也许是最基本的一个。

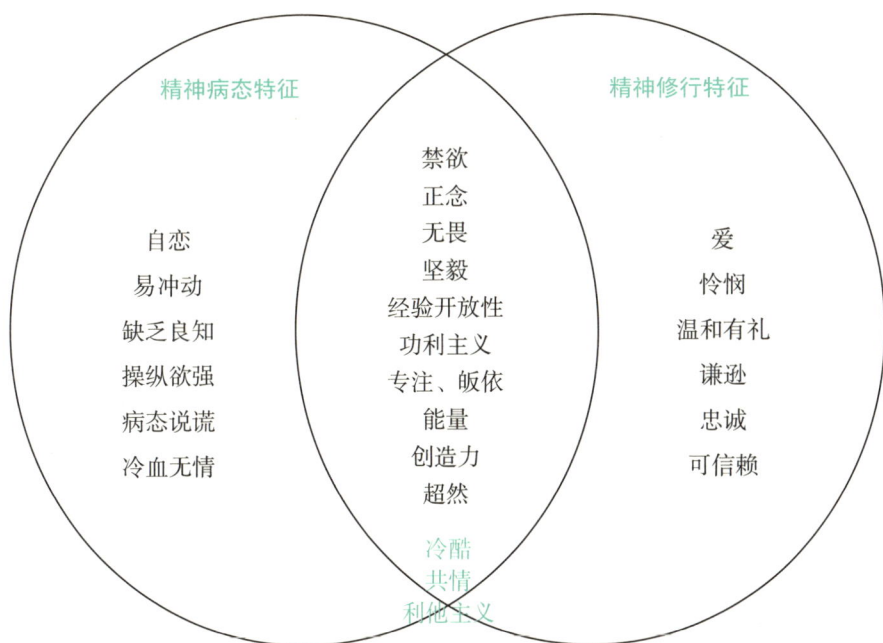

图7.2　精神病特征和精神修行特征的关系

亨特·斯托克顿·汤普森一定会同意这一点，毕竟，我们生来就是要经历生命、体验生活的。

把联邦调查局的事情整理一番之后，我悠闲地一路南下，到佛罗里达州度假。坐飞机回家之前我一直在迈阿密市中心消磨时光。一个万里无云的星期日清晨，在小哈瓦那的街道上，我偶然发现了一个跳蚤市场。在一桌小摆设上，一叠拼图旁边放着一本《阿奇和米特贝》（*Archy and Mehitabel*），深蓝色的书皮被阳光和海盐染上了一种热带绿松石般的色彩。

这本书最初是由纽约著名专栏作家唐·马奎斯（Don Marquis）创作的。书中记录了阿奇和米特贝所写的诗。阿奇爱写东西，他对诗歌的嗜好就像蟑螂对垃圾一样。米特贝是一只转世的野猫，自称前世当过埃及艳后。就是这两个不起眼的角色在书中展开了稀奇古怪的冒险。

我匆匆翻阅了一会儿，花几美元买下了这本书，心想回头坐飞机的时候

异类的天赋
天才、疯子和内向人格的
成功密码

The Wisdom
of Psychopaths

196

应该用得上。那天晚上，在北大西洋四万英尺的高空，睡眼惺忪的我偶然读
到下面这首诗。

诗里写的是飞蛾，但它写的也是精神病态者。

我把这首诗复印了一份，裱了起来。此时此刻，它就放在我的书桌上，
令人惊骇地怒视着我，就像存在于你视野范围内的一个昆虫纪念品，昭示着
这些飞蛾残忍而不幸的智慧。

> 我正和一只飞蛾说话，
> 在不久前的一个晚上，
> 他想要闯入
> 电灯泡里，
> 拥抱电线将自己燃烧。
>
> 我问他，为什么你们
> 做这种危险的特技？
> 因为这是飞蛾的本性，
> 没有别的什么原因。
> 如果那是没有遮挡的烛火
> 而不是电灯泡，
> 你现在早已成为一小撮灰烬，
> 难道你丧失理智了吗？
>
> 我很理智，他这样回答，
> 但是有时我们厌倦了理智，
> 厌倦了常规，
> 而是渴望美丽，
> 渴望兴奋。

火是美丽的，

我们知道如果靠得太近

它会杀死我们，

但是那又怎样？

片刻的欢愉

和与美丽一同燃尽，

要好过活得很久

却一直处在无聊之中，

所以我们将自己的生命

揉成一个小卷

扔出去，

这就是生命的意义。

作为美丽的一部分，

哪怕一瞬灰飞烟灭，

也好过永远存在

却永不能美丽绽放。

我们对待人生的态度

是来去匆匆，了无牵挂，

我们和过去的人类一样，

在他们变得太过文明而无法快乐生活之前。

没等我开口争辩

让他抛却自己的哲学，

他便转身离去，献祭自己

于打火机的火焰之上。

我不同意他的观点，

异类的天赋
天才、疯子和内向人格的
成功密码

The Wisdom
of Psychopaths

198

我宁愿
拥有一半的快乐
两倍的寿命。

但是，我同时希望
也能有种东西能让我如此渴望，
就像它对死亡的渴望一样。

中文版附录：趣味心理测试

测一测：你自己的心理阴暗面

假设你看见自己走进一幢很高的建筑物里，是一家医院。医院的内部很壮观，设备很先进，给人一种冷冰的金属感。你登上电梯，来到高层的一间病房……

（本测试题为累计得分，请牢记你的得分。）

1. 这个病房很特殊，有一面墙壁是落地玻璃窗。你打开病房的门后，发现房间里站了一些同来探病的人。你环视一周：有两名和你同班的男同学，靠窗站着一名25岁左右的成年男性。他的身旁是一名30岁左右的金发女性。正中的病房床上躺着一个十二三岁的金发少女，和梦中的你同龄。

看见她，你的第一直觉和她的关系是：

a. 只是普通同学——加1分

b. 是超过朋友的某种奇妙关系——加5分

c. 是很好的朋友——加3分

2. 你叫那位金发少妇"老师"，而病床上的少女则是她的女儿。这时，那位25岁左右的男性走上前来，很有风度地向你介绍自己是某报社的记者。他明朗的笑容透露出他精力很充沛，而犀利的眼神则表露出他拥有极高的观察力。

看着他，你的第一感觉是：

异类的天赋
天才、疯子和内向人格的
成功密码

The Wisdom
of Psychopaths

200

a. 会是一个很有故事的男性，但我对他没有兴趣。——加3分

b. 个性似乎还挺有魅力的，有机会可以接触一下。——加1分

c. 心里面就有种莫名的淡淡抵触感，不愿意进一步深交。——加5分

3. 病床上的金发少女起身，靠在落地玻璃窗边的栏杆上和你聊天。对话的内容是什么你记不清楚了，只记得突然和对方起了争执。你看到金发少女背后有一块玻璃窗开了一线缝隙，又环视病房一周，发现没有人注意到你们这一角。然后你突然萌生了一个念头——你伸出手去，猛推了金发少女一把。你是想把病弱的她推出身后的那扇窗子。她意识到了你的意图，挣扎起来，两手拽着栏杆不放。你没有成功。

接下来，你的举动是：

a. 幡然醒悟，暗自后悔自己怎么突然起了杀心，停下手不再有进一步举动。——加1分

b. 看了看身后是否有人注意到你的行为，语气很淡地道歉："抱歉，刚刚我情绪有点失控。但我不是想伤害你。"——加3分

c. 不管怎么样，一不做二不休，一定要把她推出窗外整死。——加5分

4. 你的计划终于得逞——少女被你推出了窗外。病房内大乱起来。少女的母亲、你的老师大哭起来，报社记者报了警。警察来到时，对现场所有人进行问讯。

这时，你会如何转移自己的嫌疑：

a. 以少女好友的身份哭泣，告诉其他人，少女是因为身体虚弱、一时不察失足摔落。——加3分

b. 丝毫不表现出慌乱，坚称少女是自杀。——加1分

c. 处于缄默状态，所有人都认为你是太过震惊了，偶尔才附和一下他人的观点。——加5分

5. 少女的母亲坚持认为少女是被杀死的，而凶手就在今天病房里的这几个人中。于是她开始和报社记者调查这件事。你知道以后，内心虽然有些许慌乱，但是尽量不表露出来。

你的下一步举措是：

a. 实在不行，先离开这个城镇再说。——加3分

b. 或许应该去警察局自首，争取减刑。——加1分

c. 赶在那讨人厌的两个人前，毁灭所有你是凶手的证据。——加5分

6. 打定主意后，你意识到医院正对着的楼层可能会有人目击你推落少女的一幕。你也预料到少女的母亲会去对面取证。于是，你预先雇了几个人埋伏到对面，伪装成对面大厦的房客，提供伪证，试图误导少女的母亲。同时，你为了表现自己问心无愧，仍旧按照自己日常的习惯练习攀岩。你非常擅长攀岩，还曾经拿过奖项。就在你试图攀上最后一块踏石时，报社记者来了。

他站在下面，抬头对你说了一句话，你觉得会是什么呢？

a. "我知道是你杀了她，你是真正的杀人凶手。"——加1分

b. "我相信你。"——加5分

c. "放下屠刀，立地成佛。"——加3分

7. 这个男人似乎从一开始就知道是你做了那件事。你认为他此时此刻为什么会来和你说这句话？

a. 他掌握了某种足以将你定罪的证据。——加1分

b. 他根本什么证据都没有掌握，只不过是来动摇你、套你话的。——加3分

c. 他没有证据，但他和坠楼少女有某种特殊的关系。——加5分

8. 你仍旧保持着泰山崩于前而色不变的心理素质，一口咬定不知道他在说什么。直到你散步到江边，天空突然暗了下来。风雨大作中，你看见穿着一袭白裙的金发少女站在你面前——当日的坠楼，并没有致死。她只是暂时陷入了植物人的昏迷状态，而为了避免再遭毒手，少女的母亲和报社记者联手封锁了消息，对外宣称少女已经死亡。实则暗地里拖延时间，等待她苏醒。昔日无话不说的好友站在你面前，你知道她是前来指认你的。

你觉得从她口中说出的第一句话会是什么呢？

a. "我原谅你。"——加5分

异类的天赋
天才、疯子和内向人格的
成功密码

The Wisdom
of Psychopaths

202

b. "是你将我推出窗外的！"——加1分

c. "我想知道你为什么要这么做。"——加3分

9. 倾盆大雨中，所有人都看着你。你知道，很快警车的声音也会响起。你早就已经走到了末路——其实，你患上了不亚于少女严重程度的病，早就时日无多。你看看身旁汹涌翻滚的暗黑色的江水，突然纵身往里一跳——江里有许多暗礁和废弃的水泥管柱。这时，报社记者也跳下水，试图救你。

你认为，这个梦境的结局会是……

a. 你和他的救援失之交臂，溺水，窒息……满身大汗地醒来，发现只是一个噩梦。——加1分

b. 你拉住他的手，把他一起带下水……两个人一起死了。——加5分

c. 你的手脚都伤得很重，可能废了，但你还是获救了，被记者抱上了岸。——加3分

【0~15分】

我敢断言，你若不是基本上没有阴暗心理、完全纯善纯良的类型，就是太过于习惯用理性思维衡量一切。但是我要提醒你的是，这是一个梦。梦应该是不受任何逻辑、理性约束的。

如果说你是后者——就连在梦里你都要压抑自己的本性，将自己约束于社会道德行为规范内，无时无刻不在以"正常人"的行为标准来要求自己，压抑灵魂的阴暗面，凡事都要讲求"合理"，凡事都要"有事实根据"，那我也只能说，你的生活若不是过于乏味，就是过于疲劳。你应该很少顺从自己的直觉，就算有时某种冲动很强烈，你也会反复按捺、压抑自己。

如果说你是前者，那也只能证明在很大程度上，你的阴暗面还没有被发掘出来。是没有被"发掘"，而并非没有。你对于自身人格的界定很不明确，甚至从未刻意思考这方面的问题，因为你把看不见的当作不存在的。而事实上，这部分人经常在"不自知"

的情况下"为恶"。在某种程度上，比起有意为之的"恶"，这种
"恶"有时更为可怖。

【16~30分】

　　毫无疑问，你是一个以自我为中心的人。你很实际，也很懂得
如何实际。在很多情况下，你很擅长运用一些技巧，让事情不知不
觉地朝你所期望的方向发展。遇到问题时，你的第一反应通常是保
护自己的利益不受损害。从某种方面而言，你是胆怯的，你害怕受
到伤害，所以你很少主动付出，在人际交往中，你总期待自己是得
到的那一方。而且，你有一种习惯性地逃避责任的倾向，生物性的
趋利避害在你身上尤为明显。你甚至会将自己视为世界的中心，全
世界你最爱的人就是自己。

　　这种人往往是事态的旁观者，不到逼不得已不会蹚这浑水。你
对某些方面有种超乎常人的敏感，有时候甚至能够敏锐地捕捉到
对方心智的弱点，并善加利用。不过可惜的是，这种能力在你手
上也只是用来为你自己谋利而已。

【31~40分】

　　我只能说，在地球60亿人口中，不会有太多人能够做到像你一
样。你若非已经接近纯粹的"暗"，就是拥有绝佳的"暗"的潜
质。你清楚地知道人性的弱点，也清楚地知道自身的阴暗面，可是
你并不否认，并不遮掩，只是轻易地将之作为自己本身的一部分
而接纳，它就如同你的手或者脚一般亲近，如同每一次呼吸一样自
然。甚至，你有时候还会对自己身上遭到损毁、扭曲的部分产生一
种近乎变态的迷恋。

　　你是孤独的。很少有人能够真正看穿你的所思所想，通常都是
你洞穿对方的心理和行为模式，除非对方是你的同类，这会让你产
生某种程度的成就感。你总是有很强烈的不安全感，这让你的内部
如同处于一种微妙而险要的支点之上，一旦有什么转折性的事件发

异类的天赋
天才、疯子和内向人格的
成功密码

The Wisdom
of Psychopaths

204

生，这种平衡就将被打破，从一个极端推向另一个极端。

【40分以上】

做出这种结果的人，我只有一句话赠送：总有一天，你身上的东西不是毁了别人，就是毁了你自己。

测一测：你是不是比精神病态者更聪明？

　　精神病态者是指没有正常人类情感的、有暴力倾向的人格障碍者，虽然其行为和正常人一样，但是经常能发现他们的行为模式异于常人，越暴力越能沉着应对，不太能够区分照片上的笑容和哭脸，不太会区分残酷和暴力等带有情绪的词。精神病态者很有可能是出色的辩论家，而且辩论时手部动作非常丰富，对于残酷性的免疫力非常强。

　　1. 你是连环杀手，你总是在透明的玻璃电梯中用利器连刺数下受害者，然后迅速离开，为什么呢？

　　　　一般人的回答：为了快点逃离犯罪现场，避免被别人看见。
　　　　精神病态者的答案：为了在外面观看受害者痛苦死去的模样。

　　2. 你的仇人正在悬崖边为了不掉下去而抓住一根树枝拼命努力，你要怎样让他掉下去？

　　　　一般人的回答：用脚踩、用火烧、吐口水，等等。
　　　　精神病态者的答案：会一根一根地掰开他的手指。

　　3. 你是小偷，当你在某户人家行窃时主人醒来并发现了你，在和你四目交接的情况下，他走入一个没有锁的衣柜中藏了起来，你身上带着刀，接下来你会怎么做？

　　　　一般人的回答：打开衣柜门进去杀他，用火烧衣柜，等等。
　　　　精神病态者的答案：会坐在衣柜前面等，直到他自己从里面出

异类的天赋
天才、疯子和内向人格的
成功密码

The Wisdom
of Psychopaths

206

来再杀掉。

4. 深夜你因为睡不着而来到阳台上欣赏外面的风景，这时候你看见下面有一个男人用刀刺死了一个女人，你拿起手机报警的时候和那个男人对视了，那个男人一边盯着你一边抬起手指向你指了几下，他是什么意思呢？

一般人的回答：报警你就死定了，你过来，等等。

精神病态者的答案：他正在数你住在几楼。

5. 在一间小学教室里，孩子们恶作剧把一颗尖锐的铆钉放在了一个女同学的椅子上，过了一会儿那个女孩子回到教室在她的书桌下面找椅子就要坐下时，有人喊了那个女孩子一声，那个人为什么喊那个女孩子呢？

一般人的回答：为了告诉女孩椅子上有铆钉，怕那个女孩受伤；正好有事叫她；等等。

精神病态者的答案：为了分散那个女孩子的注意力使她看不到椅子上的铆钉。

6. 你有一把手枪和一颗子弹，你会杀哪一个人？
a. 警察　　b. 小偷　　c. 你讨厌的人　　d. 路过的女人

一般人的回答：b，c。

精神病态者的答案：a，杀a然后抢下他的枪杀掉剩下的人。

7. 你正在和一个朋友吵架，明明是你的东西朋友却死皮赖脸地说是他自己的东西，这时候你的愤怒指数会达到多少？
a. 0%　　b. 25%　　c. 50%　　d. 75%　　e. 100%